Schriften zum Wirtschaftsingenieurwesen

Reihe herausgegeben von
Lukas Schmid, St.Gallen, Schweiz

Die Anforderungen der Industrieunternehmen an ingenieurwissenschaftlich ausgebildete Fachkräfte haben sich verändert: Immer häufiger sind Expertinnen und Experten gefragt, die Ingenieurkompetenzen, betriebswirtschaftliches Wissen, Sprachkenntnisse und interkulturelle Kompetenzen in sich vereinen.
Die Reihe „Schriften zum Wirtschaftsingenieurwesen", herausgegeben durch Prof. Dr. Lukas Schmid, trägt diesem Anspruch Rechnung, indem die dafür notwendigen Grundlagen der verschiedenen Disziplinen auf verständliche Art und Weise vermittelt werden. Dabei werden ingenieurwissenschaftliche und betriebswirtschaftliche Kompetenzen vermittelt, die angehende Fachkräfte dazu befähigen, relevante Entscheidungsgrundlagen und Handlungsoptionen im Umfeld industrieller Unternehmen zu entwickeln.

Weitere Bände in der Reihe http://www.springer.com/series/15865

Martin Bünner

Optimierung für Wirtschaftsingenieure

Martin Bünner
Buchs, Schweiz

ISSN 2523-8485   ISSN 2523-8493   (electronic)
Schriften zum Wirtschaftsingenieurwesen
ISBN 978-3-658-26609-7   ISBN 978-3-658-26610-3   (eBook)
https://doi.org/10.1007/978-3-658-26610-3

Die Deutsche Nationalbibliothek verzeichnet diese Publikation in der Deutschen Nationalbibliografie; detaillierte bibliografische Daten sind im Internet über http://dnb.d-nb.de abrufbar.

Springer Gabler

Springer Gabler ist ein Imprint der eingetragenen Gesellschaft Springer Fachmedien Wiesbaden GmbH und ist ein Teil von Springer Nature.
Die Anschrift der Gesellschaft ist: Abraham-Lincoln-Str. 46, 65189 Wiesbaden, Germany

Für meine Söhne A. und M.

Vorwort

Zahlreiche Unternehmen streben danach mit Hilfe der modernen Optimierungstechnologie

- Kosten und Zeit zu sparen,
- optimale Produkte zu entwickeln und
- optimale Dienstleistungen zu offerieren.

Aber diese Segnungen der modernen Optimierungstechnologie, als ein Teilgebiet
der *Künstlichen Intelligenz*, sind in der Praxis schwer zu erlangen. Warum ist dies
so?

Aus meiner persönlichen Sicht liegt eine wesentliche Ursache darin, dass
der erfolgreiche Einsatz der modernen Optimierungstechnologie im Unternehmen eine anspruchsvolle, ganzheitlich-interdisziplinäre Kombination von Know-
How voraussetzt:

- spezifisches Fach-Know-How die zu lösende Aufgabe betreffend,
- spezifisches Know-How der Angewandten Mathematik,
- Know-How in Programmierung und Software-Technik.

In der Folge scheitern Unternehmen daran, dass Optimierungsprojekte zu einseitig und zu wenig ganzheitlich-interdisziplinär ausgelegt sind. So ist das Scheitern bereits in der Projektplanung angelegt, wenn z.B. Optimierungsprojekte (a)
ausschließlich aus der Software-Perspektive oder (b) ausschließlich aus der Fach-
Perspektive betrachtet werden.

Vor ähnlichen Herausforderungen stehen wir bei der Ausbildung von Wirt-
schaftsingenieuren und somit auch für dieses Buch: Was ist die richtige Balan-
ce zwischen (a) spezifischem Fach-Know-How, z.B. aus der Logistik und Produktion, (b) mathematischen Kenntnissen und (c) Programmier- und Software-
Technik?

Den Weg, den wir in diesem Buch gehen, lässt sich wie folgt beschreiben:

- Wir verwenden sehr viele Beispiele aus der Praxis, v.a. in den Übungen, und eignen uns dazu das minimal nötige Fach-Know-How an.
- Wir arbeiten mit mathematischen Konzepten, wie z.B. das mathematische Optimierungsproblem und dessen Klassifikation, beschreiten dabei aber fast ausschließlich die «Hauptwege» und konzentrieren uns auf die wesentlichen Resultate und Anwendungen. Nebenwege und Details, obwohl für den Theoretiker besonders interessant, behandeln wir bewusst nicht in diesem Buch, sondern verweisen jeweils auf die Fachliteratur.
- Wir arbeiten in diesem Buch mit Programmier- und Software-Technik, bis hin, dass wir die Studierenden und Leser anhalten eigene Algorithmen selber programmieren und testen.

In der Folge ist der Wirtschaftsingenieur in der Lage:

- einfache praxis-relevante Optimierungsfragestellungen selber zu lösen.
- die Qualität einer vorgeschlagenen Lösung eines Optimierungsproblems zu bewerten.
- die Lösung von anspruchsvollen Optimierungsaufgaben, mit Hilfe eines Teams von Spezialisten, zu ermöglichen.

Dieses Buch entstand aus der Vorlesung «Optimierung», gehalten an der FHS St. Gallen, Hochschule für Angewandte Wissenschaften im Studiengang «BSc Wirtschaftsingenieurwesen». Wir hoffen es ist ein interessantes und inspirierendes Lehr- und Arbeits-Buch entstanden.

Zum Schluss möchte ich jenen danken, die zum Gelingen des Buches beigetragen haben: Den Studierenden der FHS St. Gallen, den Studiengangsleitern Lukas Schmid und Urs Sonderegger, dem Verlag und das Team um Frau Hanser, den dozierenden Kollegen Klaus Frick und Lin Himmelmann.

St. Gallen im Juni 2019
Prof. Dr. Martin Bünner

Inhaltsverzeichnis

Abbildungsverzeichnis

Definitionen, Theoreme und Beweise

Definitionenverzeichnis

Einleitung

Die Optimierung, als ein bedeutender Teil der Technologien, die oft unter dem Schlagwort *Künstliche Intelligenz* zusammengefasst werden, ist ein Teilgebiet der *Angewandten Mathematik*. Sie findet heute zahlreiche praxisnahe Anwendungen in den Ingenieurswissenschaften. Erfolgreiche Beispiele sind in den Bereichen Mechanik [3, 1, 4], Strömungsmechanik [27, 25, 26, 18, 19, 14, 5, 33, 10], Electronik [31], der Produktion und Fertigungs-Planung [9, 30] und vielen anderen Bereichen zu finden.

Die erfolgreiche Lösung einer praktischen Fragestellung mit Hilfe der leistungsfähigen Methoden der Optimierung umfasst:

1. die gründliche Analyse der Fragestellung,
2. die stringente Modellierung der Fragestellung als mathematisches Optimierungsproblem,
3. die korrekte Klassifizierung des Optimierungsproblems,
4. die Auswahl einer geeigneten Lösungsmethode,
5. die problemspezifische Ausführung der Lösungsmethode (in vielen Fällen ist dies die problemspezifische Implementierung eines Optimierungsalgorithmus auf einem Computer).

In diesem Buch werden wir konsequent alle Schritte 1. - 5. erklären, einüben und wiederholen, denn Optimierung ist viel mehr als *einen Algorithmus zum Laufen zu bekommen*.

Wir verwenden in diesem Lehr- und Arbeitsbuch zum Teil einfache und zum Teil komplexe Optimierungs-Algorithmen nach dem aktuellen Stand der Technik. Diese werden auf einem Computer ausgeführt. Einfache Algorithmen programmieren wir selber. Bei komplexen Algorithmen vertrauen wir auf von Spezialisten erstellten und getesteten Algorithmen, deren Tiefe wir im Rahmen dieses Buchs nur anreissen können. Deshalb verwenden wir komplexe Algorithmen zu einem gewissen Teil wie «Black Boxes» und beschäftigen uns mit deren Eingaben und Ausgaben und etwas weniger mit der Funktionsweise. Zum tieferen Verständnis der verwendeten Algorithmen und Methoden verweisen wir auf die ausgezeichnete Fachliteratur [22, 20, 13, 32, 35, 2].

In jedem Kapitel besprechen wir konkrete Beispiele ausführlich. Diese sind jeweils in einem blauen Kasten hervorgehoben.

Jedes Kapitel verfügt über Übungen, die jeweils den Bogen von der abstrakten Mathematik zur Praxis spannen. Diese sind ein elementar wichtiger Bestandteil des Buches. Die Studierenden sollen mit Hilfe der Übungen sich selber Erfolgserlebnisse erarbeiten. Das Schlagwort *praxisnah* bedeutet für uns in diesem Buch „selber Hand anlegen und lösen"und nicht anderen beim Anpacken zusehen. Dazu müssen allerdings grundlegende mathematische Techniken wie Funktionen, Differenzialrechnung, Lineare Gleichungs- und Ungleichungs-Systeme u.a. sicher beherrscht werden. Die Übungen sind einfach genug um auf der Basis des im Kapitel vermittelten Know-Hows gelöst werden zu können - und teilweise schwierig genug um interessant und spannend zu sein. Die Übungen verfestigen die Kompetenz der Studierenden die gelernten Konzepte und Methoden selbständig erfolgreich anwenden zu können. Kommentierte Musterlösungen der Übungen sind erhältlich unter www.springer.com/9783658266097.

Die Entwicklungsumgebung *Matlab*, Version R2016, wird teilweise in diesem Buch verwendet. Teilweise sind kommentierte Codes in der Programmiersprache *Matlab* angegeben. Dieser Code ist in weiten Teilen auch unter den lizenzfreien Entwicklungs- und Programmierumgebungen *Octave* und *Scilab* lauffähig. Der Matlab-Code ist weitgehend selbsterklärend, so dass der Leser und die Leserin, diesen wie Pseudo-Code verwenden kann. In der Folge, lässt sich der Matlab-Code problemlos in jede beliebige andere Programmiersprache oder Entwicklungsumgebung umsetzen.

Kapitel 1
Grundlagen

In diesem Kapitel beschäftigen wir uns mit einigen Grundlagen der ein- und mehrdimensionalen Analysis.

> **Lernziele**
>
> 1. Sie können lokale und globale Extremwerte einer univariaten Funktion erkennen und klassifizieren.
> 2. Sie können, mit Hilfe der ersten und zweiten Ableitung, lokale Extremwerte einer univariaten Funktion berechnen und klassifizieren.
> 3. Sie können Gradienten und Hesse-Matrix von multivariaten Funktionen berechnen.
> 4. Sie können, mit Hilfe des Gradienten und der Hesse-Matrix, lokale Extremwerte einer multivariaten Funktion berechnen und klassifizieren.

1.1 Univariate Funktionen

Wir starten mit der Wiederholung einiger grundlegender Begriffe, die Sie in der Folge benötigen werden. Bitte wiederholen Sie diese Grundlagen mit Hilfe ihrer Aufzeichnungen auf früheren Semestern, eines Lehrbuchs [29] oder im Internet publizierten Inhalten.

Es sei $y = f(x)$ eine univariate Funktion mit der unabhängigen Variablen $x \in \mathbb{R}$, der abhängigen Variablen $y \in \mathbb{R}$ und der Funktionsvorschrift $f : \mathbb{R} \to \mathbb{R}$.

© Springer Fachmedien Wiesbaden GmbH, ein Teil von Springer Nature 2019
M. Bünner, *Optimierung für Wirtschaftsingenieure*, Schriften zum
Wirtschaftsingenieurwesen, https://doi.org/10.1007/978-3-658-26610-3_1

1.1.1 Stetigkeit

Wiederholen die Begriffe „Stetigkeit" und „stetige Funktion".

> **Aufgabe 1:**
> Beantworten Sie nun die folgenden Fragen:
>
> 1. Wann ist eine Funktion stetig?
> 2. Wann ist eine Funktion nicht stetig?
> 3. Zeichnen Sie jeweils eine typische stetige Funktion und eine typische nicht-stetige Funktion.

1.1.2 Differenzierbarkeit

Wiederholen die Begriffe „Differenzierbarkeit " und „differenzierbare Funktion".

> **Aufgabe 2:**
> Beantworten Sie nun die folgenden Fragen:
>
> 1. Wann ist eine Funktion differenzierbar?
> 2. Wann ist eine Funktion nicht differenzierbar?
> 3. Zeichnen Sie jeweils eine typische differenzierbare Funktion und eine typische nicht-differenzierbare Funktion.

1.1.3 Lokale Extremalwerte von univariaten Funktionen

Wir beginnen mit der Definition von lokalen Maxima und Minima (Extremalwerte).

> **Definition 1.1** Lokales Minimum und Lokales Maximum von univariaten Funktionen
> *Es sei $y = f(x)$ eine univariate Funktion mit der unabhängigen Variablen $x \in \mathbb{R}$, der abhängigen Variablen $y \in \mathbb{R}$ und der Funktionsvorschrift $f : \mathbb{R} \to \mathbb{R}$. Die Funktion besitzt in x^* ein lokales Minimum, falls für alle $x \neq x^*$ in einer gewissen Umgebung*

von x^* gilt:

$$f(x^*) < f(x).$$

Die Funktion besitzt in x^* ein lokales Maximum, falls für alle $x \neq x^*$ in einer gewissen Umgebung von x^* gilt:

$$f(x^*) > f(x).$$

Sei $f : \mathbb{D} \to \mathbb{R}$ eine univariate Funktion mit dem Definitionsbereich $\mathbb{D} \subset \mathbb{R}$. Die univariate Funktionen f kann vier verschiedene Typen von lokalen Extremalwerten besitzen, diese sind (s. Abb. 1.1):

1. **HORIZONTALE TANGENTE:**
   Eine univariate Funktion f besitzt eine horizontale Tangente an der Stelle x^*. Falls die Funktion an dieser Stelle das Vorzeichen wechselt, entsteht bei x^* ein lokaler Extremalwert.
2. **RAND:**
   Am Rande des Definitionsbereiches einer univariaten Funktion f entstehen lokale Extremalwerte.
3. **SPRUNG:**
   Eine nicht-stetige Funktion univariate f springt an der Stelle x^*, dabei kann ein lokaler Extremalwert an der Stelle x^* entstehen.
4. **KNICK:**
   Eine nicht-differenzierbare univariate Funktion f besitzt an der Stelle x^* einen „Knick". Dabei kann ein lokaler Extremalwert an der Stelle x^* entstehen.

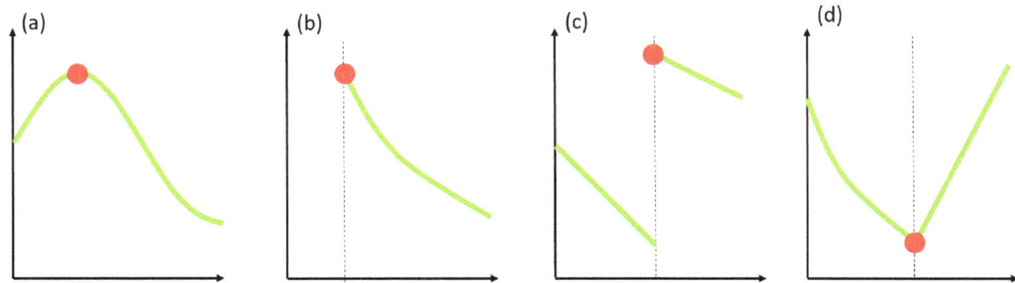

Abbildung 1.1 Beispielhafte Darstellung von vier Typen lokaler Extremalwerte durch jeweils einen roten Punkt: (a) lokales Maximum mit horizontaler Tangente, (b) lokales Maximum am Rande des Definitionsbereiches, (c) lokales Maximum an einer Sprungstelle, (d) lokales Minimum an einem Knick.

Von grosser Bedeutung sind, neben den lokalen Maxima und Minima, die globalen Maxima und Minima.

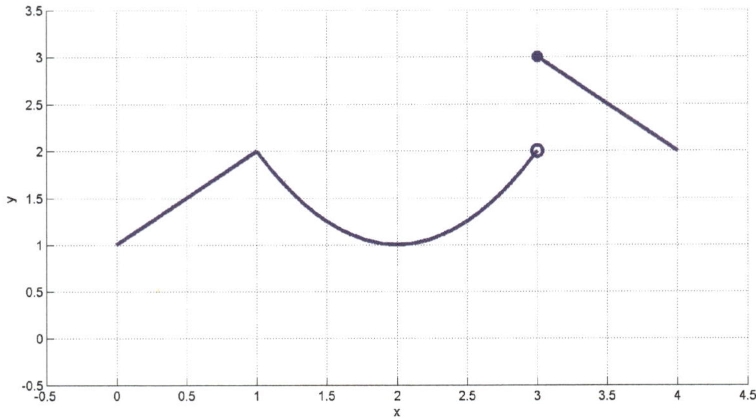

Abbildung 1.2 Grafische Darstellung der Funktion des Beispiels

---

Definition 1.2 Globales Minimum und Globales Maximum von univariaten Funktionen

Es sei $y = f(x)$ eine univariate Funktion mit der unabhängigen Variablen x in der Defintionsmenge $\mathbb{D}$, $x \in \mathbb{D}$, der abhängigen Variablen $y \in \mathbb{R}$ und der Funktionsvorschrift $f : \mathbb{D} \to \mathbb{R}$. Die Funktion besitzt in x^* ein globales Minimum, falls für alle $x \in \mathbb{D}$ und $x \neq x^*$ gilt:

$$f(x^*) < f(x).$$

Die Funktion besitzt in x^* ein globales Maximum, falls für alle $x \in \mathbb{D}$ und $x \neq x^*$ gilt:

$$f(x^*) > f(x).$$

Beispiel: Betrachten wir gemeinsam folgendes Beispiel. Sie sehen den Graphen einer Funktion $y = f(x)$ mit dem Definitionsbereich $D = [0; 4]$ in Abb. 1.2. An der Sprungstelle $x = 3$ deutet der volle Kreis an, welchen Wert die Funktion an der Sprungstelle besitzt.

1. Zeichnen Sie die 3 lokalen Minima mit einem Kreuz $+$ ein. Lesen Sie deren Werte aus der Graphik ab:

$$S_{lok1}^{min}(\ldots \mid \ldots); S_{lok2}^{min}(\ldots \mid \ldots); S_{lok3}^{min}(\ldots \mid \ldots)$$

2. Zeichnen Sie die 2 lokalen Maxima mit einem kleinen Quadrat ein. Lesen Sie deren Werte aus der Graphik ab:

$$S_{lok1}^{max}(\dots \mid \dots); S_{lok2}^{max}(\dots \mid \dots);$$

3. Bestimmen Sie den einen Extremalwert, der sich durch eine horizontale Tangente auszeichnet.
4. Bestimmen Sie die beiden Extremalwerte, die am Rand des Definitionsbereiches entstehen.
5. Bestimmen Sie den jeweils einen Extremalwert, der an einem „Knick", bzw. einem „Sprung"entsteht.
6. Kennzeichnen Sie das einzige globale Maximum zusätzlich durch einen Kreis ◯.

$$S_{glob}^{max}(\dots \mid \dots)$$

7. Kennzeichnen Sie die beiden globalen Minima zusätzlich durch einen Kreis ◯.

$$S_{glob1}^{min}(\dots \mid \dots); S_{glob2}^{min}(\dots \mid \dots)$$

8. Warum ist der Punkt (3 | 2) kein lokales Minimum?

1.1.4 Übungen

1.1.4.1

Gegeben ist die Funktion $y = f(x)$ mit dem Definitionsbereich gemäss Abb. 1.3. Zeichnen Sie die lokalen Minima $S_{lok,i}^{min}$ mit einen Kreuz ein und lesen deren Werte ab. Zeichnen Sie die lokalen Maxima $S_{lok,i}^{max}$ mit einen Quadrat ein und lesen deren Werte ab. Kennzeichnen Sie die globalen Extremalwerte zusätzlich mit einem Kreis.

Vervollständigen Sie:
Die Funktion $f(x)$ besitzt .... lokale Minima.

Die Funktion $f(x)$ besitzt .... lokale Maxima.

Die Funktion $f(x)$ besitzt .... globale Minima.

Die Funktion $f(x)$ besitzt .... globale Maxima.

Die Funktion $f(x)$ besitzt .... Extremwerte mit einer horizontalen Tangente.

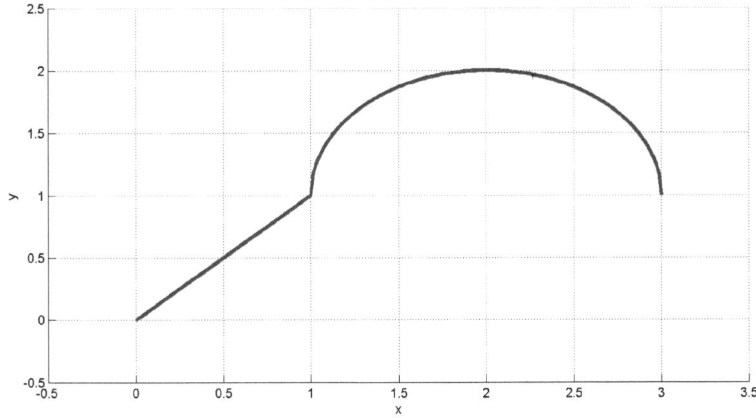

Abbildung 1.3 Grafische Darstellung der Funktion des Beispiels

Die Funktion $f(x)$ besitzt .... Extremwerte am Rand des Definitionsbereiches.

Die Funktion $f(x)$ besitzt .... Extremwerte an einer Sprungstelle.

Die Funktion $f(x)$ besitzt .... Extremwerte an einem „Knick".

Kreuzen Sie an welche Aussagen korrekt ist sind:

1. Die Funktion ist stetig.
2. Die Funktion ist differenzierbar.

Geben Sie an wie ungefähr die Funktionsgleichung aussehen könnte:

$$f(x) =$$

1.1.4.2

Gegeben ist die Funktion $y = f(x)$ mit dem Definitionsbereich gemäß Abb. 1.4. Zeichnen Sie die lokalen Minima $S_{lok,i}^{min}$ mit einen Kreuz ein und lesen deren Werte ab. Zeichnen Sie die lokalen Maxima $S_{lok,i}^{max}$ mit einen Quadrat ein und lesen deren Werte ab. Kennzeichnen Sie die globalen Extremalwerte zusätzlich mit einem Kreis.

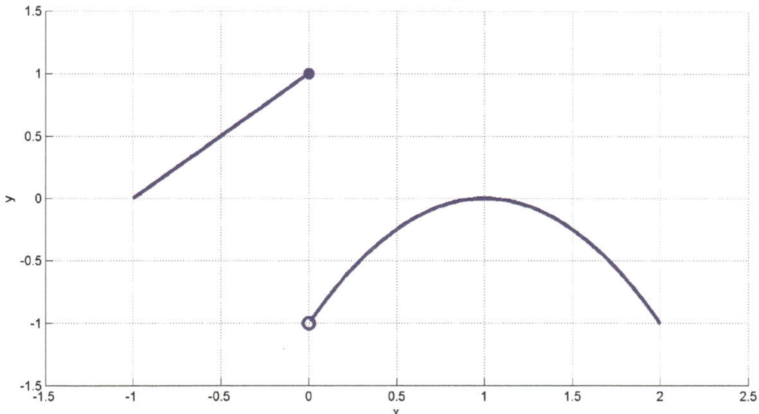

Abbildung 1.4 Grafische Darstellung der Funktion des Beispiels

Vervollständigen Sie:
Die Funktion $f(x)$ besitzt .... lokale Minima.

Die Funktion $f(x)$ besitzt .... lokale Maxima.

Die Funktion $f(x)$ besitzt .... globale Minima.

Die Funktion $f(x)$ besitzt .... globale Maxima.

Die Funktion $f(x)$ besitzt .... Extremwerte mit einer horizontalen Tangente.

Die Funktion $f(x)$ besitzt .... Extremwerte am Rand des Definitionsbereiches.

Die Funktion $f(x)$ besitzt .... Extremwerte an einer Sprungstelle.

Die Funktion $f(x)$ besitzt .... Extremwerte an einem „Knick".

Kreuzen Sie an welche Aussagen korrekt ist sind:

1. Die Funktion ist stetig.
2. Die Funktion ist differenzierbar.

Geben Sie an wie ungefähr die Funktionsgleichung aussehen könnte:

$$f(x) =$$

1.1.4.3

Gegeben ist die Funktion

$$f(x) = -\frac{1}{3}x^3 + \frac{5}{2}x^2 - 4x + 1,$$

mit dem Definitionsbereich $D = [0; 2]$. Skizzieren Sie die Funktion mit Matlab. Berechnen Sie die lokalen Minima und Maxima, sowie die globalen Minima und Maxima.

Vervollständigen Sie:

Die Funktion $f(x)$ besitzt .... lokale Minima.

Die Funktion $f(x)$ besitzt .... lokale Maxima.

Die Funktion $f(x)$ besitzt .... globale Minima.

Die Funktion $f(x)$ besitzt .... globale Maxima.

Die Funktion $f(x)$ besitzt .... Extremwerte mit einer horizontalen Tangente.

Die Funktion $f(x)$ besitzt .... Extremwerte am Rand des Definitionsbereiches.

Die Funktion $f(x)$ besitzt .... Extremwerte an einer Sprungstelle.

Die Funktion $f(x)$ besitzt .... Extremwerte an einem „Knick".

Kreuzen Sie an welche Aussagen korrekt ist sind:

1. Die Funktion ist stetig.
2. Die Funktion ist differenzierbar.

1.1.4.4

Gegeben ist die Funktion

$$f(x) = \mid x^2 - 4x + 3 \mid,$$

mit dem Definitionsbereich $D = [0; 4]$. Skizzieren Sie die Funktion mit Matlab. Berechnen Sie die lokalen Minima und Maxima, sowie die globalen Minima und Maxima.

Vervollständigen Sie:

Die Funktion $f(x)$ besitzt .... lokale Minima.

Die Funktion $f(x)$ besitzt .... lokale Maxima.

Die Funktion $f(x)$ besitzt .... globale Minima.

Die Funktion $f(x)$ besitzt .... globale Maxima.

Die Funktion $f(x)$ besitzt .... Extremwerte mit einer horizontalen Tangente.

Die Funktion $f(x)$ besitzt .... Extremwerte am Rand des Definitionsbereiches.

Die Funktion $f(x)$ besitzt .... Extremwerte an einer Sprungstelle.

Die Funktion $f(x)$ besitzt .... Extremwerte an einem „Knick".

Kreuzen Sie an welche Aussagen korrekt ist sind:

1. Die Funktion ist stetig.
2. Die Funktion ist differenzierbar.

1.1.4.5

Gegeben ist die Funktion

$$f(x) = e^{-x} + x - 1,$$

mit dem Definitionsbereich $D = [-1; 4]$. Skizzieren Sie die Funktion mit Matlab. Berechnen Sie die lokalen Minima und Maxima, sowie die globalen Minima und Maxima.

Vervollständigen Sie:

Die Funktion $f(x)$ besitzt .... lokale Minima.

Die Funktion $f(x)$ besitzt .... lokale Maxima.

Die Funktion $f(x)$ besitzt .... globale Minima.

Die Funktion $f(x)$ besitzt .... globale Maxima.

Die Funktion $f(x)$ besitzt .... Extremwerte mit einer horizontalen Tangente.

Die Funktion $f(x)$ besitzt .... Extremwerte am Rand des Definitionsbereiches.

Die Funktion $f(x)$ besitzt .... Extremwerte an einer Sprungstelle.

Die Funktion $f(x)$ besitzt .... Extremwerte an einem „Knick".

Kreuzen Sie an welche Aussagen korrekt ist sind:

1. Die Funktion ist stetig.
2. Die Funktion ist differenzierbar.

1.1.4.6

Gegeben ist die Funktion

$$f(x) = \begin{cases} \sqrt{1 - x^2} & : \quad 0 \leq x \leq 1, \\ x - 1 & : \quad 1 < x \leq 2. \end{cases}$$

Skizzieren Sie die Funktion. Berechnen Sie die lokalen Minima und Maxima, sowie die globalen Minima und Maxima.

Vervollständigen Sie:

Die Funktion $f(x)$ besitzt .... lokale Minima.

Die Funktion $f(x)$ besitzt .... lokale Maxima.

Die Funktion $f(x)$ besitzt .... globale Minima.

Die Funktion $f(x)$ besitzt .... globale Maxima.

Die Funktion $f(x)$ besitzt .... Extremwerte mit einer horizontalen Tangente.

Die Funktion $f(x)$ besitzt .... Extremwerte am Rand des Definitionsbereiches.

Die Funktion $f(x)$ besitzt .... Extremwerte an einer Sprungstelle.

Die Funktion $f(x)$ besitzt .... Extremwerte an einem „Knick".

Kreuzen Sie an welche Aussagen korrekt ist sind:

1. Die Funktion ist stetig.
2. Die Funktion ist differenzierbar.

1.1.4.7

Für $a \in R$ ist die Funktion gegeben:

$$f(x) = \begin{cases} x+1 & : & -1 \leq x < 1, \\ ax+3 & : & 1 \leq x \leq 2, \end{cases}$$

Skizzieren Sie die Funktion für verschiedene Werte von a mit Matlab.

Beantworten Sie die folgenden Fragen:

Die Funktion $f(x)$ ist stetig für $a = $ .....

Die Funktion $f(x)$ ist differenzierbar für $a = $ .....

Die Funktion $f(x)$ besitzt ein globales Maximum für $a \in$ ....

Die Funktion $f(x)$ besitzt genau zwei globale Minima für $a = $ .....

1.1.4.8

Bestimmen Sie jeweils die 1. und die 2. Ableitung der folgenden Funktionen. Zeichnen Sie die Funktion und ihre 1. und 2. Ableitungen mit Matlab in einem sinnvoll gewählten Bereich. Beschriften Sie die Achsen.

1. $f(x) = 3x^4 - 2x^2 - \frac{1}{3}x - 1$.
2. $f(x) = ax^2 - (a-2)x - a^2$. Für die Zeichnung: $a = 1$.
3. $F(x) = xe^{-x}$.
4. $h(x) = \sin(x)(\cos(x) - A)$. Für die Zeichnung: $A = 2$.
5. $s(a) = \frac{2a}{a-1}$.
6. $y(x) = x - \frac{k-x}{k+x}$. Für die Zeichnung: $k = 1$.
7. $z(t) = 4\sin(\omega t - \frac{\pi}{4})$. Für die Zeichnung: $\omega = 2$.
8. $u(x) = \frac{1}{2}e^{-x^2}$.

1.2 Multivariate Funktionen

1.2.1 Definitionen

Definition 1.3 Gradient

Es sei $y = f(x)$ eine multivariate Funktion mit dem Vektor der N unabhängigen Variablen $x \in \mathbb{R}^N$, der abhängigen Variablen $y \in \mathbb{R}$ und der Funktionsvorschrift $f : \mathbb{R}^N \to \mathbb{R}$. Der Gradient $\nabla f(x)$ von f ist:

$$\nabla f(x) = (\frac{\partial f}{\partial x_1}(x), \frac{\partial f}{\partial x_2}(x), ..., \frac{\partial f}{\partial x_N}(x)). \tag{1.1}$$

Bemerkungen:

1. Der Gradient kann je nach «Formulierung» ein Zeilen- oder Spaltenvektor sein.
2. Der Gradient $\nabla f(x_0)$ einer N-dimensionalen Funktion an der Stelle x_0 ist ein N-dimensionaler Vektor, der an der Stelle x_0 in die Richtung des steilsten Anstieges zeigt. Die Länge des Vektors $\nabla f(x_0)$ entspricht der Steigung in Richtung des steilsten Anstieges.
3. Für $N = 1$ entspricht der Gradient der ersten Ableitung $f'(x_0)$.

Definition 1.4 Hesse-Matrix

Die Hesse-Matrix der multivariaten Funktion $y = f(x), f : \mathbb{R}^N \to \mathbb{R}$ ist die $N \times N$-Matrix:

$$H(x) = \begin{pmatrix} \frac{\partial^2 f}{\partial x_1^2}(x) & \frac{\partial^2 f}{\partial x_1 \partial x_2}(x) & \cdots & \frac{\partial^2 f}{\partial x_1 \partial x_N}(x) \\ \frac{\partial^2 f}{\partial x_2 \partial x_1}(x) & \frac{\partial^2 f}{\partial x_2^2}(x) & \cdots & \frac{\partial^2 f}{\partial x_2 \partial x_N}(x) \\ \cdots & \cdots & \cdots & \cdots \\ \frac{\partial^2 f}{\partial x_N \partial x_1}(x) & \frac{\partial^2 f}{\partial x_N \partial x_2}(x) & \cdots & \frac{\partial^2 f}{\partial x_N^2}(x) \end{pmatrix} \tag{1.2}$$

Bemerkungen:

1. Die Hesse-Matrix ist symmetrisch.
2. Die Hesse-Matrix $H(x_0)$ einer N-dimensionalen Funktion an der Stelle x_0 «beinhaltet» die Krümmungen der Funktion in N Richtungen an der Stelle x_0.
3. Für $N = 1$ entspricht die Hesse-Matrix der zweiten Ableitung $f''(x_0)$.
4. Mit der Hesse-Matrix und dem Gradienten können Sie die Taylor-Reihe 2. Ordnung einer N-dimensionalen Funktion schreiben als:

$$f(x_0 + dx) \approx f(x_0) + \nabla f(x_0) \cdot dx + \frac{1}{2} dx^T \cdot H(x_0) \cdot dx. \tag{1.3}$$

1.2.2 Lokale Extremalwerte

Wir konzentrieren uns in diesem Kapitel auf lokale Extrema mit horizontaler Tangentialebene. Selbstverständlich können multivariate Funktionen, ähnlich wie univariate Funktionen, auch Extrema an Rändern, Sprungstellen und Knickstellen einnehmen. Zum Teil werden wir diese Fälle in den nachfolgenden Kapiteln behandeln.

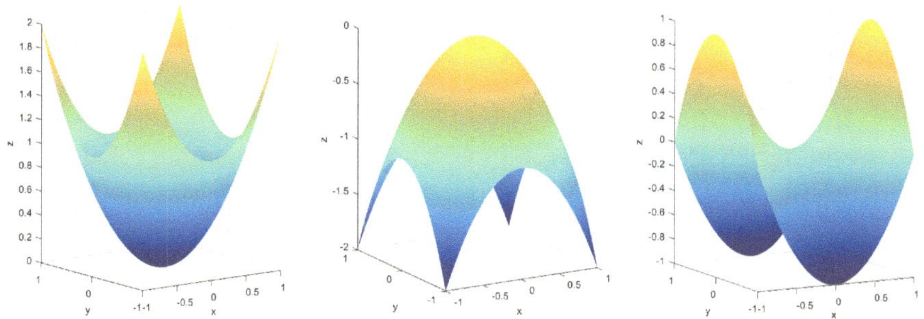

Abbildung 1.5 Grafische Darstellung kritischer Punkte von drei bivariaten Funktionen f : $\mathbb{R}^2 \to \mathbb{R}$: . Links: Globales Minimum der Funktion $z = f(x,y) = x^2 + y^2$. Mitte: Globales Maximum der Funktion $z = f(x,y) = -x^2 - y^2$. Rechts: Sattel der Funktion $z = f(x,y) = x^2 - y^2$.

Definition 1.5 Lokales Minimum und Lokales Maximum von multivariaten Funktionen

Es sei $y = f(x)$ *eine multivariate Funktion mit den N unabhängigen Variablen*

$$x = \begin{pmatrix} x_1 \\ x_2 \\ \dots \\ x_N \end{pmatrix} \in \mathbb{R}^N, \text{ der abhängigen Variablen } y \in \mathbb{R} \text{ und der Funktionsvorschrift}$$

$f : \mathbb{R} \to \mathbb{R}^N$. *Die Funktion besitzt in* x^* *ein lokales Minimum, falls für alle* $x \neq x^*$ *in einer gewissen Umgebung von* x^* *gilt:*

$$f(x^*) < f(x).$$

Die Funktion besitzt in x^* *ein lokales Maximum, falls für alle* $x \neq x^*$ *in einer gewissen Umgebung von* x^* *gilt:*

$$f(x^*) > f(x).$$

Zuerst suchen wir die Punkte $x^j, j = 1, \dots J$, an denen die Funktion f eine horizontale Tangentialebene besitzt. Diese nennt man kritische Punkte. Für kritische Punkte x^j gilt:

$$\nabla f(x^j) = 0. \tag{1.4}$$

Dabei ist 1.4 ein System von N nichtlinearen Gleichungen, die im Allgemeinen nicht einfach analytisch zu lösen sind.

Kritische Punkte können sowohl lokale Maxima, als auch lokale Minima als auch Sattelpunkte sein (s. Abb. 1.5). Welche Eigenschaft ein kritischer Punkt x^j besitzt lässt sich anhand der Hesse-Matrix $H(x^j)$, ausgewertet am kritischen Punkt, bestimmen. Dies ist analog zu dem univariaten Fall, wo das Vorzeichen der 2. Ableitung zwischen lokalen Maxima und Minima diskriminiert.

Im multivariaten Fall diskriminieren die Vorzeichen der sogenannten Eigenwerte der Hesse-Matrix $H(x^j)$ zwischen lokalen Maxima, lokalen Minima und Sattelpunkten. Für die Eigenwerte von quadratischen Matrizen H gilt:

1. Eine quadratische $N \times N$-Matrix besitzt genau N Eigenwerte $\lambda_i, i = 1, ..., N$. Die Menge aller Eigenwerte einer quadratischen Matrix nennt man Eigenwert-Spektrum.
2. Die Eigenwerte sind die Diagonalelemente, falls H eine Diagonal-Matrix ist.
3. Für nicht-diagonale quadratische Matrizen berechnen wir die Eigenwerte numerisch approximativ. In Matlab ist dies die Funktion «eig()».

Nun verfügen wir über das Handwerkszeug um kritische Punkte von multivariaten Funktionen zu klassifizieren:

1. Es handelt sich um ein lokales Maximum, falls alle Eigenwerte der Hesse-Matrix am kritischen Punkt negativ sind. Man nennt dann die Hesse-Matrix *negativ definit*.
2. Es handelt sich um ein lokales Minimum, falls alle Eigenwerte der Hesse-Matrix am kritischen Punkt positiv sind. Man nennt dann die Hesse-Matrix *positiv definit*.
3. Es handelt sich um einen Sattelpunkt, falls ein Teil der Eigenwerte der Hesse-Matrix am kritischen Punkt negativ und der andere Teil positiv sind. Man nennt dann die Hesse-Matrix *gemischt definit*.

Beispiel: Lokales Minimum
Es sei $f(x_1, x_2) = x_1^2 + x_2^2 + 2x_1 - 1$ eine bivariate Funktion. Wir berechnen den Gradienten:

$$\nabla f(x_1, x_2) = \begin{pmatrix} 2x_1 + 2 \\ 2x_2 \end{pmatrix} \tag{1.5}$$

Wir berechnen den einen oder die mehreren kritischen Punkte:

$$\nabla f(x_1, x_2) \;=\; 0, \tag{1.6}$$

$$\begin{pmatrix} 2x_1 + 2 \\ 2x_2 \end{pmatrix} \;=\; \begin{pmatrix} 0 \\ 0 \end{pmatrix}, \tag{1.7}$$

$$x_1^* \;=\; -1, \tag{1.8}$$

$$x_2^* \;=\; 0, \tag{1.9}$$

Damit gibt es genau einen kritischen Punkt $x_1^* = -1, x_2^* = 0$.
Wir berechnen die Hesse-Matrix am kritischen Punkt:

$$H(x_1, x_2) = \begin{pmatrix} 2 & 0 \\ 0 & 2 \end{pmatrix} \tag{1.10}$$

Die Hesse-Matrix ist diagonal. Damit sind die Eigenwerte gleich den Diagonalelementen und somit: $\lambda_1 = 2; \lambda_2 = 2$ und somit beide positiv. Deshalb ist der kritische Punkt ein lokales Minimum. Zur Kontrolle berechnen wir mit Matlab:

```
eig([2 0;0 2])
```

Wir erhalten mit Matlab die identischen Eigenwerte.
Wir zeichnen die Funktion in der Nähe des kritischen Punktes mit Matlab (s. Abb. 1.6:

```
[X1,X2] = meshgrid(-2:0.01:0,-1:0.01:1);
Z=X1.*X1+X2.*X2+2*X1-1;
figure(1);
surf(X1,X2,Z,'LineStyle','none');
xlabel('x_1');ylabel('x_2');zlabel('z');
```

1.2.3 Globale Extremalwerte

Die globalen Maxima und Minima von multivariaten Funktionen definieren wir analog zu dem univariaten Fall.

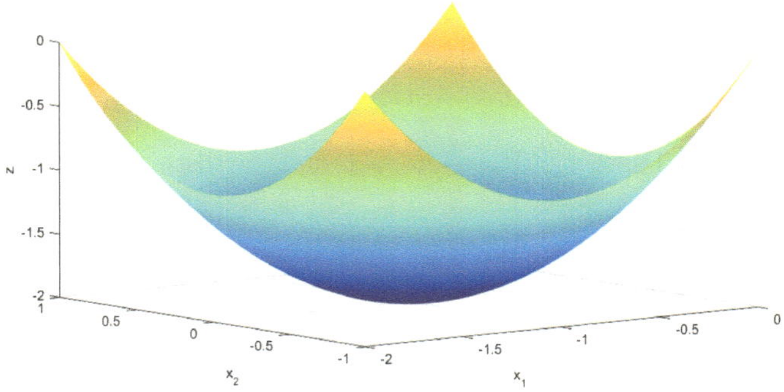

Abbildung 1.6 Darstellung der Funktion in der Nähe des kritischen Punktes

Definition 1.6 Globales Minimum und Globales Maximum von multivariaten Funktionen

Es sei $y = f(x)$ eine multivariate Funktion mit den N unabhängigen Variablen

$$x = \begin{pmatrix} x_1 \\ x_2 \\ \dots \\ x_N \end{pmatrix} \text{ in der Defintionsmenge } \mathbb{D} \subset \mathbb{R}^N, x \in \mathbb{D}, \text{ der abhängigen Variablen}$$

$y \in \mathbb{R}$ und der Funktionsvorschrift $f : \mathbb{D} \to \mathbb{R}$. Die Funktion besitzt in x^* ein globales Minimum, falls für alle $x \in \mathbb{D}$ und $x \neq x^*$ gilt:

$$f(x^*) < f(x).$$

Die Funktion besitzt in x^* ein globales Maximum, falls für alle $x \in \mathbb{D}$ und $x \neq x^*$ gilt:

$$f(x^*) > f(x).$$

1.2.4 Übungen

1.2.4.1

Bestimmen Sie jeweils den Gradienten und die Hesse-Matrix der folgenden Funktionen:

1. $f(x,y) = 2xy - x - 1$
2. $f(x,y) = ax^2 - y^2$
3. $f(x,y) = x \cdot \sin(y)$

4. $\quad f(x_1, x_2, x_3) = -x_1 - \dfrac{x_2}{2x_3}$

1.2.4.2

Es seien Funktionen $f(x,y) : \mathbb{R}^2 \to \mathbb{R}$ gegeben:
(i) Bestimmen Sie die stationären Punkte.
(ii) Handelt es sich jeweils um lokale Minima oder Maxima oder um Sattelpunkte?
(iii) Zeichnen Sie die Funktionen mit Matlab.
Die Funktionen sind:

1. $\quad f(x,y) = (x^2 + y^2) \cdot e^{-x}$
2. $\quad f(x,y) = 3\,x\,y^2 + 4\,x^3 - 3\,y^2 - 12\,x^2 + 1$
3. $\quad f(x,y) = x\,y - 27 \cdot \left(\dfrac{1}{x} - \dfrac{1}{y} \right)$
4. $\quad f(x,y) = \sqrt{1 + x^2 + y^2}$
5. $\quad f(x,y) = 2\,x^3 - 3\,x\,y + 3\,y^3 + 1$
6. $\quad f(x,y) = (x - 1)^2 + 100(y - x^2)^2.$

   Dies ist die bekannte Rosenbrock-Funktion - eine der am meisten verwendeten Testfunktionen in der reellwertigen Optimierung.

Kapitel 2
Univariate Optimierung

In diesem Kapitel beschäftigen wir uns mit univariaten Optimierungsproblemen mit und ohne Nebenbedingungen. Die Design-Variable kann sowohl reellwertig, als auch diskret (integer) sein.

> **Lernziele**
>
> 1. Sie können univariate, rellwertige und univariate Integer-Optimierungsprobleme, mit und ohne Nebenbedingungen korrekt klassifizieren.
> 2. Sie können univariate, rellwertige Optimierungsprobleme grafisch lösen.
> 3. Sie können univariate, rellwertige Optimierungsprobleme analytisch lösen, falls möglich.
> 4. Sie können univariate Integer-Optimierungsprobleme mit einer Enumeration, falls möglich, lösen.
> 5. Sie können univariate Integer-Optimierungsprobleme mit einer Relaxation, falls möglich, lösen.
> 6. Sie können in der Praxis auftretende Fragestellungen in der Form eines mathematischen Optimierungsproblems formulieren.

2.1 Definitionen und Grundlegendes

© Springer Fachmedien Wiesbaden GmbH, ein Teil von Springer Nature 2019
M. Bünner, *Optimierung für Wirtschaftsingenieure*, Schriften zum
Wirtschaftsingenieurwesen, https://doi.org/10.1007/978-3-658-26610-3_2

Definition 2.1   Univariates, Reelwertiges Optimierungsproblem ohne Nebenbedingungen

Univariate, reelwertige Optimierungsprobleme ohne Nebenbedingungen besitzen die Form für $x \in \mathbb{R}$:

$$f^* = f(x^*) = \min f(x). \tag{2.1}$$

mit der Zielfunktion $f : \mathbb{R} \to \mathbb{R}$.

Eigenschaften:

1. Optimierungsprobleme (2.1) mit 2-mal differenzierbaren Zielfunktionen f und $\mathbb{D} = \mathbb{R}$ besitzen keine Ränder, Sprünge oder Knickstellen. Deshalb sind eventuell vorhandene lokale Minima kritische Punkte mit $f' = 0$ und $f'' > 0$.
2. Wir betrachten ausschließlich Minimierungsprobleme ohne Verlust der Allgemeinheit. Eventuell auftretende Maximierungsprobleme können immer durch die Transformation $f \to -f$ in ein Minimierungsproblem überführt werden.
3. Falls die Zielfunktion über genau ein lokales Minimum verfügt, ist dieses die Lösung von 2.1.
4. Falls die Zielfunktion über mehrere lokale Minima verfügt, ist die Lösung von 2.1 das lokale Minimum mit dem geringsten Wert der Zielfunktion.
5. Falls die Zielfunktion $f(x)$ im Unendlichen oder an einem Pol gegen $-\infty$ strebt, besitzt das Optimierungsproblem keine Lösung. Um dies zu vermeiden und diesen Fall jedesmal explizit ausschließen zu müssen, beschränken wir uns in der Folge auf Zielfunktionen, die nirgends gegen $-\infty$ streben.
6. Lokale Minima von univariaten rellwertigen Funktionen lassen sich nur in Ausnahmefällen analytisch berechnen.

Definition 2.2   Univariates, Reelwertiges Optimierungsproblem mit Nebenbedingungen

Univariate, reelwertige Optimierungsprobleme mit M Ungleichheits-Nebenbedingungen besitzen die Form für $x \in \mathbb{R}$:

$$\begin{aligned}
f^* = f(x^*) \;&=\; \min f(x), \\
g_1(x) \;&\leq\; 0, \\
\ldots \;&\leq\; 0, \\
g_M(x) \;&\leq\; 0.
\end{aligned} \tag{2.2}$$

Dabei heisst $f : \mathbb{R} \to \mathbb{R}$ Zielfunktion und x nennen wir Design-Variable. Die M Ungleichheits-Nebenbedingungen werden durch die Funktion $g : \mathbb{R} \to \mathbb{R}^M$ definiert. x^* ist die Lösung des Optimierungsproblems und f^* ist der optimale Wert der Zielfunktion. Der Bereich $\mathbb{F} \subset \mathbb{R}$ der reellen Zahlen für die alle Nebenbedingungen erfüllt sind heißt Erlaubter Bereich oder Feasible Region. Die Nebenbedingungen $g_i(x)$ für die gilt: $g_i(x^*) = 0$ heißen aktiv. Die anderen heißen nicht-aktiv.

Eigenschaften:

1. Lokale Minima des Optimierungsproblems (2.2) für 2-mal stetig differenzierbare Zielfunktionen f sind entweder an kritischen Punkten mit $f' = 0$ und $f'' > 0$, oder an den Rändern der Feasible Region $\mathbb{F}$ zu finden.
2. Falls das Optimierungsproblem (2.2) über mehrere lokale Minima verfügt, ist die Lösung das lokale Minimum mit dem geringsten Wert der Zielfunktion.

Definition 2.3   Univariates Integer-Optimierungsproblem
Univariate Integer-Optimierungsprobleme besitzen die Form für $n \in \mathbb{F} \subseteq \mathbb{Z}$:

$$f^* = f(n^*) = \min f(n). \tag{2.3}$$

Dabei heißt $f : \mathbb{F} \to \mathbb{R}$ Zielfunktion und n nennen wir Design-Variable.

Bemerkungen:

1. Die mächtigen Werkzeuge der Analysis, wie Ableitungen, können zur Lösung des Optimierungsproblems (2.3) nicht verwendet werden.
2. Wir unterscheiden nicht zwischen diskreten Optimierungsproblemen und Integer-Optimierungsproblemen, da ein diskretes Optimierungsproblem mittels einer einfachen Abzähltabelle in ein Integerproblem überführt werden kann.
3. Wir suchen immer das globale Minimum. Eventuell vorhandene lokale Minima werden nicht als Lösung akzeptiert.

2.2 Klassifikation von Optimierungsproblemen

Ihre Fähigkeit, als angehender Wirtschaftsingenieur, ein Optimierungsproblem korrekt zu klassifizieren ist ein zentrales Element um einen geeigneten Lösungsweg zu beschreiten. Die korrekte Klassifikation von Herausforderungen war bereits für den Urmenschen vor 10'000 Jahren und davor ein zentraler Erfolgsfaktor, wie in Abb. 2.1 leicht scherzhaft dargestellt. Heute ist die korrekte Klassifi-

Abbildung 2.1 Für den Urmenschen 10'000 B.C. eine zentrale Frage: Ist es ein Tiger? Oder ist es ein Schmetterling

Abbildung 2.2 Für den Wirtschafts-Ingenieur im 21. Jahrhundert eine zentrale Frage: Ist es ein NLP? Oder ist es ein Integer-LP? Was genau die Klassen NLP und Integer-LP bedeuten werden Sie im Laufe dieses Kurses noch kennenlernen.

kation eines Optimierungs-Problems für den Wirtschaftsingenieur «überlebenswichtig». Dies ist kein Scherz und beispielhaft in Abb. 2.2 illustriert.

Nach welchen Kriterien klassifizieren wir ein Optimierungs-Problem? Hierfür gibt es einen systematischen Weg, indem wir die Antworten auf folgende Fragen finden:

1. Was wissen wir über die Design-Variablen (univariat, bivariat, multivariat, reellwertig, integer, mixed-integer)?
2. Was wissen wir über die Zielfunktion (stetig, differenzierbar, linear, quadratisch, polynomial oder andere)?
3. Was wissen wir über eventuell vorhandene Nebenbedingungen (mit oder ohne Nebenbedingungen, linear oder nichtlinear, Gleichheits- oder Ungleichheits-Nebenbedingungen)?

2.3 Analytische Lösung von univariaten, reelwertigen Optimierungsproblemen mit und ohne Nebenbedingungen

Beispiel

Wir lösen:

$$f^* = f(x^*) = \min(x^2 - 4x + 12). \tag{2.4}$$

Wir klassifizieren die Optimierungsaufgabe: Es handelt sich um ein univariates, reelwertiges Optimierungsproblem ohne Nebenbedingungen. Der kritische Punkt x^* der Funktion $f(x) = x^2 - 4x + 12$ lässt sich mittels der Ableitung analytisch berechnen.

$$\begin{aligned}
f' &= 2x - 4, \\
f' &= 0, \\
2x^* - 4 &= 0, \\
x^* &= 2.
\end{aligned}$$

Die 2. Ableitung $f'' = 2$ ist positiv, somit ist der kritische Punkt ein lokales Minimum. Da das lokale Minimum einer quadratischen Funktion ein globales Minimum darstellt ist $x^* = 2$ die gesuchte Lösung des Optimierungs-Problems.

Die folgenden beiden Beispiele sind nicht elementar-analytisch lösbar.

Beispiel

Wir betrachten:

$$\begin{aligned}
f^* = f(x^*) &= \min(e^{-x} + x^2), \tag{2.5} \\
x &\geq -1, \\
x &\leq 2.
\end{aligned}$$

Wir klassifizieren die Optimierungsaufgabe: Es handelt sich um ein univariates, reelwertiges Optimierungsproblem mit 2 linearen Ungleichheits-Nebenbedingungen. Der kritische Punkt x^* der Funktion $f(x) = e^{-x} + x^2$

lässt sich mittels der Ableitung nicht analytisch berechnen.

$$\begin{aligned} f' &= -e^{-x} + 2x, \\ f' &= 0, \\ -e^{-x} + 2x &= 0, \\ 2x &= e^{-x}, \end{aligned}$$

Die letzte Gleichung lässt sich nicht elementar analytisch lösen.

Beispiel

Wir betrachten:

$$f^* = f(x^*) = \min\left(\sin(2x) + \frac{x^2 - x}{10}\right). \tag{2.6}$$

Die I kritischen Punkte x_i^*, mit $i = 1, ..., I$, der Funktion $f(x) = \sin(2x) + \frac{x^2 - x}{10}$ lassen sich mittels der Ableitung nicht analytisch berechnen.

$$\begin{aligned} f' &= 2\cos(2x) + \frac{x}{5} - 0.1, \\ f' &= 0, \\ 2\cos(2x) + \frac{x}{5} - 0.1 &= 0, \end{aligned}$$

Die letzte Gleichung lässt sich nicht elementar analytisch lösen.

2.3.1 Übungen

2.3.1.1

Es sei folgendes Optimierungsproblem gegeben für $x \in \mathbb{R}$:

$$f^* = \max(x^3 - 6x^2 + 4x - 1),$$

1. Um welche Problemklasse handelt es sich?
2. Lösen Sie das Optimierungsproblem analytisch.

2.3.1.2

Es sei folgendes Optimierungsproblem gegeben für $x \in \mathbb{R}$:

$$\begin{aligned} f^* &= \max(x^3 - 6x^2 + 4x - 1), \\ x &\geq -1, \\ x &\leq 1 \end{aligned}$$

1. Um welche Problemklasse handelt es sich?
2. Lösen Sie das Optimierungsproblem analytisch.

2.4 Grafische Lösung von univariaten, reelwertigen Optimierungsproblemen

Vermutlich sind Sie in ihrer bisherigen mathematischen Ausbildung vor allem auf Fragestellungen gestoßen, die eine elementar-analytische Lösung erlauben. Dies hat Sie möglicherweise dazu verleitet anzunehmen, dass dies immer so sei. Dem ist aber nicht so. Aufgaben, die eine elementar-analytische Lösung erlauben sind in der Praxis die große Ausnahme.

Wir zeigen zwei einfache Beispiele, die keine elementar-analytischen Lösungen erlauben. Die univariate Zielfunktion lässt sich in der Regel einfach visualizieren. So ergibt sich - ganz pragmatisch - die grafische Lösungsmethode für univariate, reelwertige Optimierungsprobleme.

Beispiel

Wir lösen die Optimierungsaufgabe:

$$\begin{aligned} f^* = f(x^*) &= \min(e^{-x} + x^2), \\ x &\geq -1, \\ x &\leq 2. \end{aligned} \tag{2.7}$$

mit der grafischen Methode. Es handelt sich um ein univariates, reelwertiges Optimierungsproblem mit 2 linearen Ungleichheits-Nebenbedingungen. Wir erstellen eine Grafik im Bereich von $-1 \leq x \leq 2$, zeichnen den Erlaubten Bereich (Feasible Region) ein, und schätzen die Lösung aus der Grafik (s. Abb.2.3): $x^* \approx 0.35$.

Beispiel

Wir lösen die Optimierungsaufgabe:

$$f^* = f(x^*) = \min(\sin(2x) + \frac{x^2 - x}{10}) \tag{2.8}$$

mit der grafischen Methode. Es handelt sich um ein univariates, reelwertiges Optimierungsproblem ohne Nebenbedingungen.

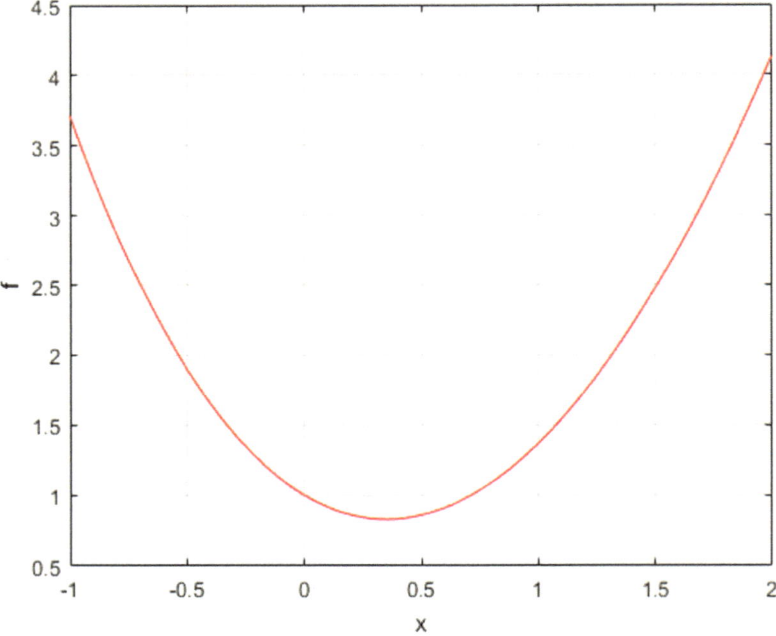

Abbildung 2.3 Für die Funktion $f(x) = e^{-x} + x^2$ kann der kritische Punkt aus der Grafik mit geringer Genauigkeit abgelesen werden: $x^* \approx 0.35$.

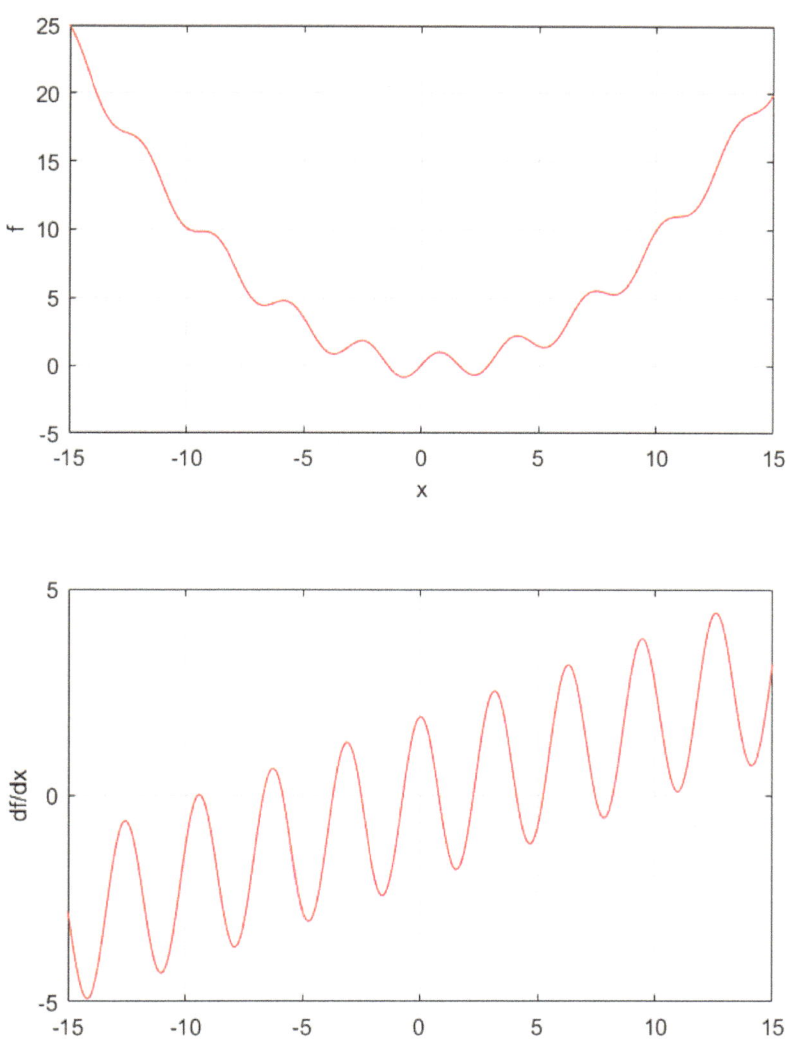

Abbildung 2.4 Für die Zielfunktion $f(x) = \sin(2x) + \frac{x^2-x}{10}$ kann die Lösung aus der Grafik mit geringer Genauigkeit abgelesen werden.

2.4.1 Übungen

2.4.1.1

Es sei folgendes Optimierungsproblem gegeben für $x \in \mathbb{R}$:

$$
\begin{aligned}
f^* &= \min(e^{-x} + 2x^4), \\
x &\geq -2, \\
x &\leq 4
\end{aligned}
$$

1. Um welche Problemklasse handelt es sich?
2. Lösen Sie das Optimierungsproblem grafisch.

2.4.1.2

Es sei folgendes Optimierungsproblem gegeben für $x \in \mathbb{R}$:

$$
\begin{aligned}
f^* &= \min(e^{-x} + 2x^4), \\
x &\geq 1, \\
x &\leq 4
\end{aligned}
$$

1. Um welche Problemklasse handelt es sich?
2. Lösen Sie das Optimierungsproblem grafisch.

2.5 Univariate Optimierungsaufgaben in der Praxis

In der Praxis sind Optimierungs-Fragestellungen selten - oder nie - in der mathematischen Form wie (2.1 - 2.3) gegeben. Stattdessen liegt in der Praxis eine konkrete Optimierungsfragestellung vor, die erst in die Form (2.1 - oder 2.3) überführt werden muss. Diesen Vorgang nennt man Modellierung

Beispiel

Der Querschnitt eines Tunnels besteht aus einem Rechteck mit einem aufgesetzten Halbkreis. Wie müssen für einen vorgegebenen Umfang des Tunnelquerschnitts von $U = 10$ die Abmessungen x und y gewählt werden, damit die Querschnittsfläche maximal ist?

1. Modellieren Sie die Fragestellung als univariates Optimierungsproblem.
2. Um welche Problemklasse handelt es sich?
3. Lösen Sie das Optimierungsproblem mit der grafischen Methode. Wie gross ist die maximale Querschnittsfläche?

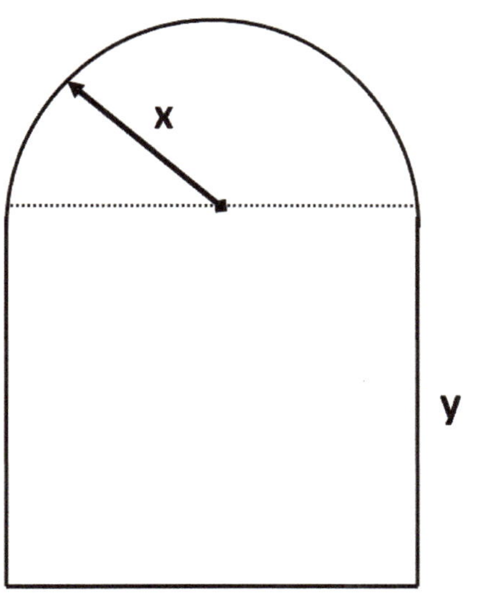

Zur **Lösung** gehen wir schrittweise vor:

Schritt 1:

Wir lesen die Aufgabenstellung gründlich und fertig, falls nötig, eine Skizze an.

Schritt 2:

Wir stellen fest, es soll die Fläche maximiert werden. Dazu stehen uns 2 Variablen (x, y) zur Verfügung. Diese nennen wir Design-Variablen. Als nächstes suchen wir eventuell vorhandene Nebenbedingungen, im vorliegenden Fall sind dies 3 Nebenbedingungen: (1) x darf nicht negativ sein, (2) y darf nicht negativ sein und (c) der Umfang des Tunnels muss genau 10 betragen.

Schritt 3:

Wir drücken jetzt das Optimierungsziel als Funktion der Design-Variablen aus. Damit wird die Zielfunktion

$$A(x, y) = f(x, y) = 2xy + \frac{\pi}{2}x^2 \tag{2.9}$$

Wir drücken die Nebenbedingungen als Funktion der Design-Variablen aus und erhalten:

$$x \geq 0, \tag{2.10}$$
$$y \geq 0, \tag{2.11}$$
$$(2 + \pi)x + 2y = 10. \tag{2.12}$$

Schritt 4:

Nun formulieren wir die vollständige Optimierungsaufgabe:

$$A^* = \max(2xy + \frac{\pi}{2}x^2), \tag{2.13}$$

$$x \ \geq \ 0, \tag{2.14}$$

$$y \ \geq \ 0, \tag{2.15}$$

$$(2+\pi)x + 2y \ = \ 10. \tag{2.16}$$

Wir klassifizieren die Aufgabe als bivariates, reelwertiges Optimierungsproblem mit 2 linearen Ungleichheits- und einer linearen Gleichheitsbedingung. Diese Aufgabe können wir in ein einfacheres Optimierungsproblem transformieren, indem wir die Gleichheitsbedingung verwenden, $y = 5 - (1 + \frac{\pi}{2})x$, um y zu eliminieren. Wir erhalten dann das Optimierungsproblem:

$$A^* = \max(-(2+\frac{\pi}{2})x^2 + 10x), \tag{2.17}$$

$$x \ \geq \ 0, \tag{2.18}$$

$$x \ \leq \ \frac{10}{2+\pi}. \tag{2.19}$$

Wir klassifizieren die Aufgabe als univariates, reelwertiges Optimierungsproblem mit 2 linearen Ungleichheitsbedingungen.

Schritt 5:

Wir lösen die Aufgabe nun analytisch. Die Zielfunktion ist quadratisch, eine nach unten offene Parabel. Die Lösung muss deshalb der Scheitel der Parabel sein, falls dieser Wert alle Nebenbedingungen erfüllt. Falls der kritische Punkt nicht alle Nebenbedingungen erfüllt, muss die Lösung an einem Rand der Feasible Region liegen. Den Scheitelpunkt bestimmen wir mit der 1. Ableitung:

$$A'(x) \ = \ 10 - (4+\pi)x = 0, \tag{2.20}$$

$$x^* \ = \ \frac{10}{4+\pi}, \tag{2.21}$$

$$x^* \ \approx \ 1.4002 \tag{2.22}$$

Damit ist $y^* = 2.5$ und die maximale Fläche ist $A^* = \frac{50}{4+\pi}$.

Der Prozess der Modellierung lässt sich nur bedingt formalisieren. Es handelt sich mehr um eine *Kunst*, die Intuition und Einsicht erfordert. Die Modellierung gehört zu den schwierigsten und am wenigsten kontrollierbaren Schritten in der Optimierung. Deshalb geben wir als Handreichung Ihnen einen 5-Stufen-Plan an die Hand.

5-Stufen-Plan

Schritt 1:

Lesen Sie gründlich. Systematisieren Sie die zur Verfügung stehenden Informationen. Falls hilfreich, erstellen Sie eine Skizze. Überzeugen Sie sich, dass die Informationen in sich konsistent und vollständig sind.

Schritt 2:

Beantworten Sie die 3 Fragen:

Welches Ziel soll optimiert werden?

Was sind die Design-Variablen?

Welche Nebenbedingungen wirken?

Schritt 3:

Drücken Sie das Optimierungsziel als mathematische Funktion **nur** der Design-Variablen und eventuell vorhandener Parameter aus → Zielfunktion $f(...)$.

Drücken Sie alle Nebenbedingungen als mathematische Funktionen **nur** der Design-Variablen und eventuell vorhandener Parameter aus → Nebenbedingungen $g_j(...)$.

Schritt 4:

Formulieren Sie die Optimierungsaufgabe in einer mathematisch korrekten Form. Klassifizieren Sie die Optimierungsaufgabe.

Schritt 5:

Wählen Sie ein geeignetes Lösungsverfahren aus und lösen Sie die Optimierungsaufgabe.

2.5.1 Übungen

2.5.1.1

Die Bremskraft einer Wirbelstromscheibenbremse ist durch die Gleichung

$$K(v) = \frac{4\,v}{v^2 + 1}$$

als Funktion der Umfangsgeschwindigkeit v gegeben. Bei welcher Umfangsgeschwindigkeit ist die Bremskraft am grössten?

1. Modellieren Sie die Fragestellung als Optimierungsproblem? Um welche Problemklasse handelt es sich?
2. Lösen Sie das Optimierungsproblem mit einer geeigneten Methode. Wie groß ist die maximale Bremskraft?

2.5.1.2

Ein Blech mit der Breite $3\,a$ soll durch Hochbiegen beider seitlichen Enden um je einen Drittel der Blechbreite zu einer trapezförmigen Rinne verformt werden. Unter welchem Winkel biegen Sie die seitlichen Enden hoch, damit der Querschnitt der Rinne maximal wird?

1. Fertigen Sie eine Skizze an.
2. Schätzen Sie mit gesundem Menschenverstand, wie groß könnte der optimale Winkel sein und zu welcher Querschnittsfläche würde dies führen?
3. Modellieren Sie die Fragestellung als Optimierungsproblem? Um welche Problemklasse handelt es sich?
4. Lösen Sie das Optimierungsproblem mit einer geeigneten Methode. Wie groß ist der optimale Winkel und wie groß ist die optimale Fläche? Vergleichen Sie mit dem Ergebnis aus (a) in Prozent.

2.5.1.3

Ein Blatt Papier soll $18\,dm^2$ Schreibfläche aufweisen. Oben und unten sollen je 2 cm, seitlich je 1 cm leer bleiben. Wie wählen Sie die Größe des Blattes, damit möglichst wenig Papier verbraucht wird?

1. Fertigen Sie eine Skizze an.
2. Schätzen Sie mit gesundem Menschenverstand, wie groß könnte die optimale Papiergröße sein. Sie lassen 1 Mio dieser Papiere herstellen mit Kosten von 0.0 3 CHF$/dm^2$, wie groß sind die Materialkosten?
3. Modellieren Sie die Fragestellung als Optimierungsproblem? Um welche Problemklasse handelt es sich?
4. Lösen Sie das Optimierungsproblem mit einer geeigneten Methode. Wie groß ist die optimale Blattgröße? Sie lassen 1 Mio dieser Papiere herstellen, wie groß sind die Materialkosten und wie groß ist die Kosteneinsparnis im Vergleich zu (a) in Prozent?

2.5.1.4

Sie haben den Auftrag, eine möglichst günstige Büchse (Zylinder) mit Inhalt $1000\,dm^3$ zu konstruieren. Das Material für die Mantelfläche kostet 2 Rappen pro dm^2 und das für die Grund- und Deckfläche 3 Rappen pro dm^2. Wie groß wählen Sie den Radius der Büchse?

1. Fertigen Sie eine Skizze an.

2. Schätzen Sie mit gesundem Menschenverstand, wie groß könnte die optimale Büchsengrösse sein? Sie lassen 1 Mio Büchsen herstellen, wie groß sind die Materialkosten?

3. Modellieren Sie die Fragestellung als Optimierungsproblem? Um welche Problemklasse handelt es sich?

4. Lösen Sie das Optimierungsproblem mit einer geeigneten Methode. Wie groß ist der optimale Radius? Sie lassen 1 Mio Büchsen herstellen, wie groß sind die Materialkosten und wie viel sparen Sie ein im Vergleich zu (a) in Prozent?

2.6 Univariate Integer-Optimierungsprobleme

2.6.1 Lösung von Integer-Optimierungsproblemen mittels Enumeration

Beispiel Es sei folgendes Optimierungsproblem gegeben für $n \in \{-3.44; 0.1; 4.5; 7.23; 11.2\}$:

$$f^* = \min[\sin(24n - 1)], \tag{2.23}$$

1. Um welche Problemklasse handelt es sich?
   Es handelt sich um ein univariates Integer-Optimierungsproblem mit einer endlichen Anzahl von *Lösungskandidaten*.

2. Fertigen Sie eine Tabelle an mit den beiden Spalten n und $\sin(24n - 1)$. Was ist die Lösung des Optimierungs-Problems?
   Wir fertigen eine Tabelle mit Matlab an:

```
n=[-3.44;0.1; 4.5; 7.23; 11.2];
f=sin(24*n-1);
[n f]
```

   Damit ergibt sich folgende Tabelle:

```
   -3.4400    -0.9530
    0.1000     0.9854
    4.5000     0.1848
    7.2300     0.2644
   11.2000    -0.6923
```

   Und damit ist das Ergebnis $n^* = -3,44; f^* = -0.953$.

Die Enumeration (Aufzählung) ist eine exakte Lösungsmethode, falls die Integer-Variable nur eine endliche Anzahl von Werten annehmen kann.

> **Beispiel** Es sei folgendes Optimierungsproblem gegeben für $n \in \mathbb{Z}$:
>
> $$f^* = \min(\sin(24n - 1)),\tag{2.24}$$
>
> 1. Um welche Problemklasse handelt es sich?
>   Es handelt sich um ein univariates Integer-Optimierungsproblem mit unendlich vielen *Lösungskandidaten*.
> 2. Fertigen Sie eine Tabelle an mit den beiden Spalten n und $\sin(24n - 1)$. Was ist die Lösung?
>   Die Tabelle ist zu groß um von einem Menschen oder irgendeinem Menschen angefertigt zu werden. Wir können die Lösung mit Hilfe einer Tabelle nicht ermitteln.

Die Enumeration (Aufzählung) kann nicht verwendet werden, falls die Integer-Variable eine unendliche Anzahl von Werten annehmen kann.

2.6.2 Lösung von Integer-Optimierungsproblemen mittels Relaxation

> **Beispiel** An einer Produktionsstraße werden $L \in \mathbb{N}$ Mitarbeiter beschäftigt und produzieren $Q = 2\sqrt{L}, Q \in \mathbb{R}$ Einheiten eines Gutes pro Tag. Der Umsatz pro Einheit ist 2464,- SFr. Die Material- und Maschinenkosten betragen 1232,- SFr pro Einheit. Die Kosten eines Mitarbeiters betragen 410,- SFr pro Tag. Welche optimale Anzahl an Mitarbeitern L^* maximiert den Gewinn?
>
> 1. Schreiben Sie die Aufgabe als Optimierungsproblem.
>   Eine Design-Variable: $L \in \mathbb{N}$.
>   Kosten $K(L) = 1232 * 2 * \sqrt{L} + 410L$.
>   Umsatz $U(L) = 2464 * 2 * \sqrt{L}$.
>   Gewinn $G(L) = 2464 * \sqrt{L} - 410L$.
>   Das Optimierungsproblem ist damit:
>
> $$G^* = \max[2464 * \sqrt{L} - 410L].\tag{2.25}$$
>
> 2. Um welche Problemklasse handelt es sich?
>   Es handelt sich um ein univariates Integer-LP.

3. **Lösen Sie das Optimierungsproblem mittels Enumeration.**
   Die Anzahl der Möglichkeiten sind unendlich. Deshalb kann das Problem nicht mit Enumeration gelöst werden.
4. **Lösen Sie das Optimierungsproblem mittels Relaxation.**
   Bei der Zielfunktion $G(L)$ mit ganzzahligem Argument $L \in \mathbb{N}$ kann das Argument auf relle, nicht-negative Zahlen $x \in \mathbb{R}_0^+$ erweitert werden. Wir bilden das Integer-Problem auf ein reellwertiges Problem ab, dazu $L \to x \in \mathbb{R}$. Damit ergibt sich ein reellwertiges Integer-Problem.

$$G^* = \max[2464 * \sqrt{x} - 410x]. \tag{2.26}$$

Dies lösen wir analytisch.

$$G' = \frac{1232}{\sqrt{x}} - 410, \tag{2.27}$$

$$x^* = \left(\frac{1232}{410}\right)^2 \tag{2.28}$$

$$x^* \approx 9.0293 \tag{2.29}$$

Jetzt müssen wir diese Lösung aus dem reelwertigen Problem übertragen in das ursprüngliche Integer-Problem. Wir vermuten, dass die optimale Integer-Lösung L^* in der Nähe von x^* liegt und bilden deshalb eine einfache Suchmenge: $\{8, 9, 10\}$ und bilden eine Tabelle: $G(8) = 3698; G(9) = 3702; G(10) = 3692$. Somit ist die optimale Lösung $L^* = 9; G^* = 3702$.

Die Relaxation ist keine exakte, sondern eine approximative Lösungsmethode. Bei der Relaxation gehen wir wie folgt vor:

1. Wir bilden das Integer-Problem auf ein reellwertiges Problem ab, in dem wir die Integer-Design-Variablen durch reellwertige Design-Variablen substituieren. Voraussetzung ist dafür, dass die Zielfunktion und evtl. vorhandene Nebenbedingungen auf den reellen Bereich erweitert werden können.
2. Wir lösen das reellwertige Optimierungsproblem.
3. Wir suchen die Lösung des Integer-Problems in der Nähe der Lösung des reellwertigen Optimierungsproblems.

2.6.3 Übungen

2.6.3.1

Es sei folgende Optimierungsaufgabe gegeben, für $n \in Z$:

$$f^* = \min[e^{(n+100)} + \frac{1}{2}e^{(-2n-200)}].$$

1. Um welche Problemklasse handelt es sich?
2. Wie viele Kandidaten müssten Sie bei einer vollständigen Enumeration probieren? Was bedeutet dies für die Rechenzeit? Lösen Sie das Optimierungsproblem durch sinnvolles Probieren mit Matlab.
3. Lösen Sie das Optimierungsproblem mittels Relaxation. Vergleichen Sie: ist die Enumeration oder die Relaxation die effizientere Methode für diese Frage?

2.6.3.2

Es sei folgende Optimierungsaufgabe gegeben, für $n \in [0; 1; 2; ... 100]$:

$$f^* = \min[\cos(10^4 * n - 7.2)].$$

1. Um welche Problemklasse handelt es sich?
2. Wie viele Kandidaten müssten Sie bei einer vollständigen Enumeration probieren? Was bedeutet dies für die Rechenzeit?Lösen Sie das Optimierungsproblem durch Enumeration - schreiben Sie ein Matlab-Skript.
3. Lösen Sie das Optimierungsproblem mittels Relaxation. Vergleichen Sie: ist die Enumeration oder die Relaxation die effizientere Methode für diese Frage?

2.6.3.3

Sie haben den Auftrag, eine möglichst günstige Büchse (Zylinder) mit Inhalt $1000 \, dm^3$ zu konstruieren. Das Material für die Mantelfläche kostet 2 Rappen pro dm^2 und das für die Grund- und Deckfläche 3 Rappen pro dm^2. In der Produktion kann der Radius der Büchse nur auf 8 Werte eingestellt werden, diese sind (jeweils in dm):

r_1	r_2	r_3	r_4	r_5	r_6	r_7	r_8
3,0	4,1	4,42	4,88	5,3	5,56	6,0	7,0

Wie gross wählen Sie den Radius der Büchse?

1. Modellieren Sie die Fragestellung als Optimierungsproblem? Um welche Problemklasse handelt es sich?
2. Lösen Sie das Optimierungsproblem durch Enumeration mit Matlab. Wie viele Kandidaten müssen probiert werden? Schreiben Sie ein Matlab-Skript.
3. Lösen Sie das Optimierungsproblem mittels Relaxation.

2.7 Übungen zum Kapitel

2.7.1

Es sei folgende Optimierungsaufgabe gegeben, für $x \in \mathbb{R}$:

$$
\begin{aligned}
f^* &= \min(x^2 - x), \\
x &\geq 1, \\
x &\leq 2,
\end{aligned}
$$

Welche Aussagen sind wahr?

1. Es handelt sich um ein Integer-Optimierungsproblem.
2. Es handelt sich um ein reelwertiges Optimierungsproblem.
3. Die Aufgabe hat 2 nichtlineare Ungleichheits-Nebenbedingungen.
4. Die Aufgabe hat 2 lineare Ungleichheits-Nebenbedingungen.
5. Die Aufgabe hat 2 nichtlineare Gleichheits-Nebenbedingungen.
6. Die Zielfunktion ist linear.
7. Die Zielfunktion ist quadratisch.
8. Die Lösung kann sich am Rand des zulässigen Bereiches befinden.
9. Die Lösung kann sich an einer Sprungstelle befinden.
10. Die Lösung kann sich an einem kritischen Punkt befinden.

2.7.2

Es sei folgende Optimierungsaufgabe gegeben, für $n \in \mathbb{Z}$:

$$
f^* = \min(2e^{-2n^2 - n - 22}). \tag{2.30}
$$

Welche Aussagen sind wahr?

1. Es handelt sich um ein Integer-Optimierungsproblem.
2. Es handelt sich um ein reelwertiges Optimierungsproblem.

3. Die Aufgabe hat 2 nichtlineare Ungleichheits-Nebenbedingungen.
4. Die Aufgabe hat 2 lineare Ungleichheits-Nebenbedingungen.
5. Die Aufgabe hat keine Nebenbedingungen.
6. Die Zielfunktion ist linear.
7. Die Zielfunktion ist quadratisch.
8. Die Aufgabe lässt sich mit einer Enumeration exakt lösen.
9. Die Aufgabe lässt sich mit einer Relaxation exakt lösen.
10. Die Aufgabe lässt sich mit einer Relaxation approximativ lösen.

Kapitel 3
Bivariate Optimierung

In diesem Kapitel beschäftigen wir uns mit Optimierungsproblemen mit $N = 2$ Design-Variablen, diese nennt man *multivariate Optimierungsprobleme*. Multivariate Optimierungsprobleme können sowohl restringiert (mit Nebenbedingungen), als auch unrestringiert *ohne Nebenbedingungen* sein. Die 2 Design-Variablen können sowohl reellwertig, als auch diskret (integer), als gemischt-reellwertig-integer sein. Wir lernen einige grundlegende Eigenschaften von verschiedenen Klassen von bivariaten Optimierungsproblemen und einfache Lösungsverfahren kennen.

> **Lernziele**
>
> 1. Sie können bivariate, rellwertige und bivariate Integer-Optimierungsprobleme, mit und ohne Nebenbedingungen korrekt klassifizieren. Dies umfasst im besonderen die Klassen: Linear Programming, Nonlinear Programming, Mixed-Integer-Optimierungsprobleme (linear und nichtlinear) und Integer-Optimierungsprobleme (linear und nichtlinear).
> 2. Sie kennen die Eigenschaften, Eigenheiten und Unterscheidungsmerkmale der Optimierungsprobleme aus den jeweiligen Klassen.
> 3. Sie können bivariate, rellwertige Optimierungsprobleme ohne Nebenbedingungen analytisch lösen (falls möglich).
> 4. Sie können bivariate Optimierungsprobleme (rellwertig, integer, oder mixed-integer) mit Nebenbedingungen, sowohl linear als auch nichtlinear, grafisch lösen.

© Springer Fachmedien Wiesbaden GmbH, ein Teil von Springer Nature 2019
M. Bünner, *Optimierung für Wirtschaftsingenieure*, Schriften zum
Wirtschaftsingenieurwesen, https://doi.org/10.1007/978-3-658-26610-3_3

3.1 Analytische Lösung von Reelwertigen, Multivariaten Optimierungsproblemen ohne Nebenbedingungen

Definition 3.1 Multivariates, reelwertiges Optimierungsproblem ohne Nebenbedingungen
Multivariate, reelwertige Optimierungsprobleme ohne Nebenbedingungen besitzen die Form für $x \in \mathbb{R}^N$:

$$f^* = f(x^*) = \min f(x). \tag{3.1}$$

Dabei heißt $f : \mathbb{R}^N \to \mathbb{R}$ Zielfunktion und $x = (x_1, x_2, ..., x_N) \in \mathbb{R}^N$ nennen wir Design-Variablen oder den Vektor der Design-Variablen. $x^* = (x_1^*, x_2^*, ..., x_N^*)$ ist die Lösung des Optimierungsproblems und f^* ist der optimale Wert der Zielfunktion.

Bemerkungen:

1. Wir unterscheiden in der Schreibweise nicht zwischen einer univariaten Variablen (z.B. x) und einer bivariaten Variablen (Vektor $x = (x_1, x_2, ..., x_N)$). Desweiteren unterscheiden wir nicht zwischen einem Zeilen-Vektor, $x = (x_1, x_2, ..., x_N)$, und einem Spaltenvektor $x = \begin{pmatrix} x_1 \\ x_2 \\ ... \\ x_N \end{pmatrix}$

2. Wir betrachten ausschließlich Ungleichheits-Nebenbedingungen ohne Verlust der Allgemeinheit. Eventuell auftretende Gleichheitsnebenbedingungen können immer in 2 Ungleichheits-Nebenbedingungen transformiert werden.

3. Wir betrachten ausschließlich Minimierungsprobleme ohne Verlust der Allgemeinheit. Eventuell auftretende Maximierungsprobleme können immer durch die Transformation $f \to -f$ in ein Minimierungsproblem überführt werden.

4. Wir unterscheiden nicht zwischen diskreten Optimierungsproblemen und Integer-Optimierungsproblemen, da ein diskretes Optimierungsproblem mittels einer einfachen Abzähltabelle in ein Integerproblem überführt werden kann.

5. Wichtig ist festzuhalten, dass der Minimierungs-Operator in der Definition (3.1) immer auf das globale Minimum in der Menge der Lösungs-Kandidaten (in unserem Fall ist dies $\mathbb{R}^N$) abzielt. Eventuell vorhandene lokale, ko-existierende Minima, können aber müssen nicht die gesuchte Lösung sein.

6. Falls die Zielfunktion $f(x)$ im Unendlichen oder an einem Pol gegen $-\infty$ strebt, besitzt das Optimierungsproblem keine Lösung. Um dies zu vermei-

den und diesen Fall jedesmal explizit ausschließen zu müssen, beschränken
wir uns in der Folge auf Zielfunktionen, die nirgends gegen $-\infty$ streben.

7. Lokale Minima von bivariaten rellwertigen Funktionen lassen sich nur in Ausnahmefällen analytisch berechnen.

Beispiel: Es sei folgendes Optimierungsproblem gegeben für $x \in \mathbb{R}^2$:

$$f^* = f(x^*) = \min(x_1^2 + x_2^2 + 2x_1 - 1). \tag{3.2}$$

Es handelt sich um ein reelwertiges, bivariates Optimierungsproblem ohne Nebenbedingungen. Die Definitionsmenge ist $\mathbb{R}^2$. Die Zielfunktion ist 2-mal stetig differenzierbar. Deshalb können lokale Minima nur auftreten an Punkten x^*, an denen der Gradient verschwindet. Wir berechnen zuerst den Gradienten:

$$\nabla f(x_1, x_2) = \begin{pmatrix} 2x_1 + 2 \\ 2x_2 \end{pmatrix} \tag{3.3}$$

Wir berechnen den einen oder die mehreren kritischen Punkte:

$$\nabla f(x_1, x_2) = \vec{0}, \tag{3.4}$$

$$\begin{pmatrix} 2x_1 + 2 \\ 2x_2 \end{pmatrix} = \begin{pmatrix} 0 \\ 0 \end{pmatrix}, \tag{3.5}$$

$$x_1^* = -1, \tag{3.6}$$

$$x_2^* = 0, \tag{3.7}$$

Damit gibt es genau einen kritischen Punkt $x_1^* = -1, x_2^* = 0$.
Wir berechnen die Hesse-Matrix am kritischen Punkt:

$$H(x_1, x_2) = \begin{pmatrix} 2 & 0 \\ 0 & 2 \end{pmatrix} \tag{3.8}$$

Die Hesse-Matrix ist diagonal. Damit sind die Eigenwerte gleich den Diagonalelementen und somit: $e_1 = 2; e_2 = 2$ und somit beide positiv. Deshalb ist der kritische Punkt ein lokales Minimum.

Da die zwei-dimensionale Zielfunktion quadratisch ist, ist die grafische Darstellung der Funktion ein nach oben geöffneter Paraboloid. Damit ist das gefundene lokale Minimum identisch mit dem globalen Minimum und Lösung der Optimierungsaufgabe: $x_1^* = -1, x_2^* = 0, f^* = -2$.

Eine Zielfunktion $f(x), f : \mathbb{R}^N \rightarrow \mathbb{R}$ erfülle die folgenden Bedingungen:

1. 2-mal stetig differenzierbar,
2. Die Definitionsmenge ist $\mathbb{R}^N$.
3. Die Funktion strebt nicht gegen $-\infty$

Dann lässt sich das reelwertige bivariate Optimierungsprobleme ohne Nebenbedingungen mit der Zielfunktion $f(x), f : \mathbb{R}^N \to \mathbb{R}$ wie folgt lösen:

1. Wir setzen den Gradienten gleich Null. Falls das dabei entstehende, i.A. nichtlineare, Gleichungssystem lösbar ist, bestimmen wir die kritischen Punkte.
2. Wir klassifizieren die kritischen Punkte: lokales Minimum, lokales Maximum oder Sattelpunkt.
3. Die Lösung ist die Menge der kritischen Punkte mit dem niedrigsten Funktionswert.

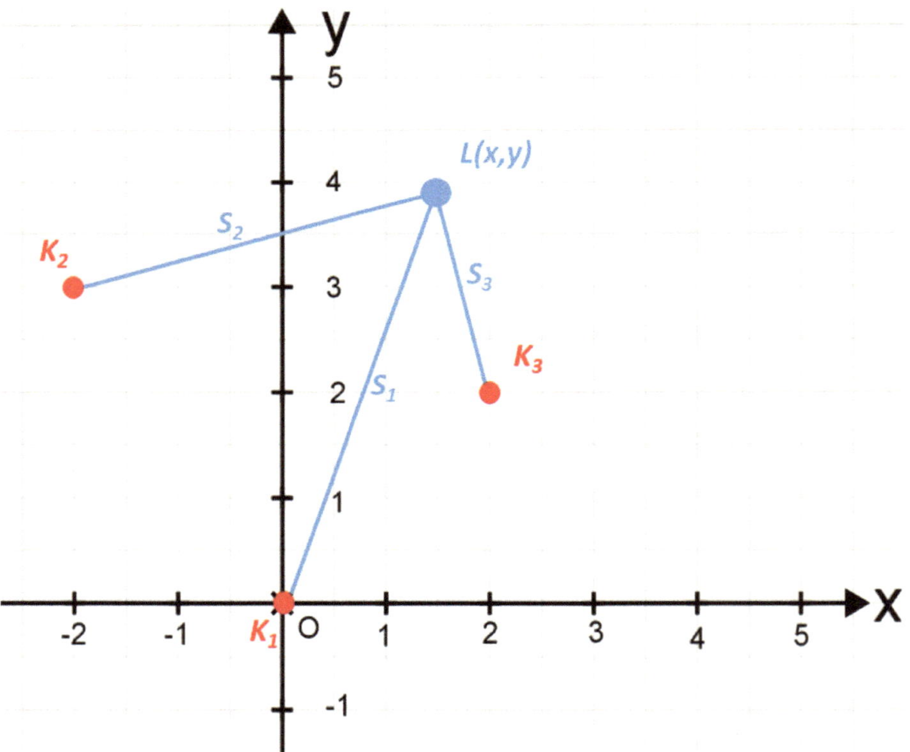

Abbildung 3.1 Skizze Beispiel

Beispiel
Ihre Aufgabe ist es den optimalen Standort eines Lagers L zu planen. Das Lager bedient 3 Kunden, die sich an folgenden Standorten befinden: $K_1(0;0)$,

$K_2(-2;3)$ und $K_3(2;2)$. Bestimmen Sie den optimalen Standort des Lagers $L(x,y)$ so, dass die Summe der Abstände zu allen Kunden (Luftlinie) minimal ist.

Lösung

Wir fertigen zuerst eine Skizze an (s. Abb. 3.1). Wir modellieren das Problem als Optimierungsaufgabe. Wir verwenden als Zielfunktion die Summe der Abstandsquadrate.

$$\begin{aligned}
S_1^2 &= x^2 + y^2, \\
S_2^2 &= (x+2)^2 + (y-3)^2, \\
S_3^2 &= (x-2)^2 + (y-2)^2,
\end{aligned}$$

Wir verwenden als Zielfunktion die Summe der Abstandsquadrate und erhalten eine reelwertige bi-variate Optimierungsaufgabe:

$$S^* = \min_{(x,y)\in\mathbb{R}^2} (3x^2 + 3y^2 - 10y + 21).$$

Wir lösen Sie das Optimierungsproblem mit Hilfe des Gradienten.

$$\begin{aligned}
f(x) &= 3x^2 + 3y^2 - 10y + 21, \\
\nabla f(x) &= \begin{pmatrix} 6x \\ 6y - 10 \end{pmatrix} \\
H(x) &= \begin{pmatrix} 6 & 0 \\ 0 & 6 \end{pmatrix}
\end{aligned}$$

Somit ergibt sich als kritischer Punkt: $x^*0, y^* = \frac{5}{3}$. Dies ist die Lösung, da die Hesse-Matrix konvex ist. Somit ist der optimale Standort des Lagers: $x^*0, y^* = \frac{5}{3}$.

3.1.1 Übungen

3.1.1.1

Es sei folgende Optimierungsaufgabe gegeben, für $(x,y) \in \mathbb{R}^2$:

$$f^* = \min(-\cos(\pi x) - \cos(\pi y)).$$

1. Um welche Problemklasse handelt es sich?
2. Lösen Sie das Optimierungsproblem mit einer geeigneten Methode.
3. Plotten Sie $f(x,y) = -\cos(\pi x) - \cos(\pi y)$ mit Matlab in einem geeigneten Bereich.

3.1.1.2

Es sei folgende Optimierungsaufgabe gegeben, für $(x, y) \in \mathbb{R}^2$:

$$f^* = \min(4xy - x^2 + 2y - 1).$$

1. Um welche Problemklasse handelt es sich?
2. Lösen Sie das Optimierungsproblem mit einer geeigneten Methode.
3. Plotten Sie $f(x, y) = 4xy - x^2 + 2y - 1$ mit Matlab in einem geeigneten Bereich.

3.1.1.3

Ihre Aufgabe ist es den optimalen Standort eines Lagers zu planen. Das Lager bedient 5 Kunden, die sich an folgenden Standorten befinden: $K_1(-2; -3)$, $K_2(-1; 1)$, $K_3(0; 4)$, $K_4(2; 1)$, und $K_5(2; 0.5)$. Bestimmen Sie den optimalen Standort des Lagers (x, y) so, dass die Summe der Abstände zu allen Kunden (Luftlinie) minimal ist.

1. Fertigen Sie ein Skizze an. Schätzen Sie die optimale Position des Lagers und berechnen Sie die Summe der Abstände.
2. Modellieren Sie das Problem als Optimierungsaufgabe. Um welche Problemklasse handelt es sich? Tipp: Verwenden Sie als Zielfunktion die Summe der Abstandsquadrate.
3. Lösen Sie das Optimierungsproblem mit einer geeigneten Methode. Vergleichen Sie Ihr Ergebnis mit dem Ergebnis von (a). Wie groß ist der Unterschied in Prozent?

3.1.1.4

Ihre Aufgabe ist es den optimalen Standort eines Lagers zu planen. Das Lager bedient 5 Kunden, die sich an folgenden Standorten befinden: $K_1(-2; -3)$, $K_2(-1; 1)$, $K_3(0; 4)$, $K_4(2; 1)$, und $K_5(2; 0.5)$. Das Transportvolumen t_3, t_4 und t_5 an die Kunden K_3, K_4 und K_5 beträgt a. Das Transportvolumen t_1 an den Kunden K_1 beträgt $2a$ und das Transportvolumen t_2 an den Kunden K_2 beträgt $3a$. Die Transportkosten bestimmen sich als Produkt aus dem Abstand zwischen Kunde und Lager und dem Transportvolumen. Bestimmen Sie den Standort des Lagers (x, y) so, dass die Transportkosten minimal sind.

1. Fertigen Sie ein Skizze an. Schätzen Sie die optimale Position des Lagers und berechnen Sie die Transportkosten.

2. Modellieren Sie das Problem als Optimierungsaufgabe. Um welche Problemklasse handelt es sich? Tipp: Verwenden Sie als Zielfunktion: $f = \frac{1}{a^2} \sum t_i^2 \cdot S_i^2$

3. Lösen Sie das Optimierungsproblem mit einer geeigneten Methode. Vergleichen Sie Ihr Ergebnis mit dem Ergebnis von (a). Wie gross ist der Unterschied in Prozent?

3.2 Bivariate Linear Programming: Reelwertige, Bivariate Optimierung mit Linearer Zielfunktion und Linearen Nebenbedingungen

Definition 3.2 Bivariate Linear Programming, Bivariates Lineares Optimierungsproblem

Sei $x \in \mathbb{R}^2$. Ein Lineares Programm (Linear Programming) ist gegeben durch:

$$
\begin{aligned}
f^* &= \min[c_1 x_1 + c_2 x_2], & (3.9)\\
a_{11}x_1 + a_{12}x_2 &\leq b_1,\\
\ldots &\leq b_m,\\
a_{M1}x_1 + a_{M2}x_2 &\leq b_M.
\end{aligned}
$$

In kompakter Matrixschreibweise ist das Lineare Programm:

$$
\begin{aligned}
f^* &= \min[c^T x], & (3.10)\\
Ax &\leq b.
\end{aligned}
$$

mit dem Vektor der Design-Variablen $x = \begin{pmatrix} x_1 \\ x_2 \end{pmatrix}$, dem Koeffizientenvektor $c = \begin{pmatrix} c_1 \\ c_2 \end{pmatrix}$ und der Koeffizientenmatrix $A = \begin{pmatrix} a_{11} & a_{12} \\ \ldots & \ldots \\ a_{M1} & a_{M2} \end{pmatrix}$ und dem Konstantenvektor $b = \begin{pmatrix} b_1 \\ \ldots \\ b_M \end{pmatrix}$. Die M Nebenbedingungen sind alle linear. Es ist x^* die Lösung des Optimierungsproblems und f^* bezeichnet den optimalen Wert der Zielfunktion. Der Bereich $\mathbb{F} \subset \mathbb{R}^2$ der Vektoren für die alle Nebenbedingungen erfüllt sind heißt Erlaubter Bereich oder Feasible Region. Die Nebenbedingungen i für die gilt: $a_{i1}x_1^* + a_{i2}x_2^* = b_i$ heißen aktiv. Die anderen heißen in-aktiv.

Beispiel Es sei folgendes LP gegeben für $(x_1, x_2) \in \mathbb{R}^2$:

$$f^* = \min(x_1 - x_2), \tag{3.11}$$

$$x_1 \geq 2, \tag{3.12}$$

$$x_2 \geq 2, \tag{3.13}$$

$$x_2 \leq 10 - x_1, \tag{3.14}$$

Wir lösen nun dieses LP grafisch. Dazu beginnen wir mit einem kartesischen Koordinatensystem und dem Einzeichnen der Lösungen (x_1, x_2) der Ungleichung 3.12. Die unendlich vielen Punkte bilden eine Halbebene (s. Abb. 3.2).

Nun zeichnen wir die Lösungen (jeweils Halbebenen der Nebenbedingungen 3.13 und 3.14. Wir erkennen, der Erlaubte Bereich (Feasible Region) all der Punkte, die alle 3 Nebenbedingungen bilden ein Dreieck (s. Abb. 3.2). Die Kandidaten für die Lösung sind nun auf die Punkte des gezeichneten grünen Dreiecks eingegrenzt.

Wie finden wir nun den Punkt in dem Dreieck für den der Wert der Zielfunktion (3.11) minimal wird?

Dazu folgen wir diesem Gedankengang: Wo liegen alle Punkte mit dem Wert der Zielfunktion $f = 0$? All diese Punkte müssten die Bedingung $x_1 - x_2 = 0$ erfüllen. Alle Punkte, die den Wert der Zielfunktion $f = 0$ besitzen liegen, somit auf der Geraden $x_2 = x_1$, die rot gestrichelt in (s. Abb. 3.2) eingezeichnet ist. Wir erkennen es gibt unendlich viele Punkte innerhalb der Feasible Region, für die die Zielfunktion den Wert $f = 0$ annimmt.

Von daher die Frage: Vielleicht finden wir noch Punkte mit besseren, also kleineren, Werten der Zielfunktion? Wir versuchen im nächsten Schritt Lösungen zu finden für die gilt $f = -10$, diese erfüllen die Gleichung $x_1 - x_2 = -10$ und liegen somit auf der Geraden $x_2 = x_1 + 10$. Wir zeichnen diese in Abb. 3.2 ein und erkennen, dass diese Gerade keine Schnittpunkte mit der Feasible Region besitzt und somit keine Punkt mit $f = 10$ innerhalb der Feasible Region existiert.

Wir vermuten nun, dass die korrekte Lösung irgendwo zwischen $f = -10$ und $f = 0$ liegt, aber wo? Dazu zeichnen wir die Geradenschar aller Punkte für die gilt: $f^* = C, C = -9, -8..., -1$ (s. Abb. 3.2). Es entsteht eine Schar paralleler Geraden. Wir erkennen für $C = -9, -8, -7$ gibt es keine Lösungen. Wir suchen nun das minimale C für das es gerade noch eine Lösung gibt. Dies ist $C = -6$, die Gerade aus der Schar, die die obere Ecke des Dreiecks, das die Feasible Region bildet, berührt. Somit haben wir grafisch die Lösung bestimmt: $x_1^* = 2; x_2^* = 8; f^* = -6$.

Die aktiven Nebenbedingungen, sind die Nebenbedingungen, die am Lösungspunkt exakt mit Gleichheit erfüllt sind. In unserem Fall sind dies die Nebenbedingungen (3.12) und (3.14). Die Nebenbedingung (3.13) sind nicht-

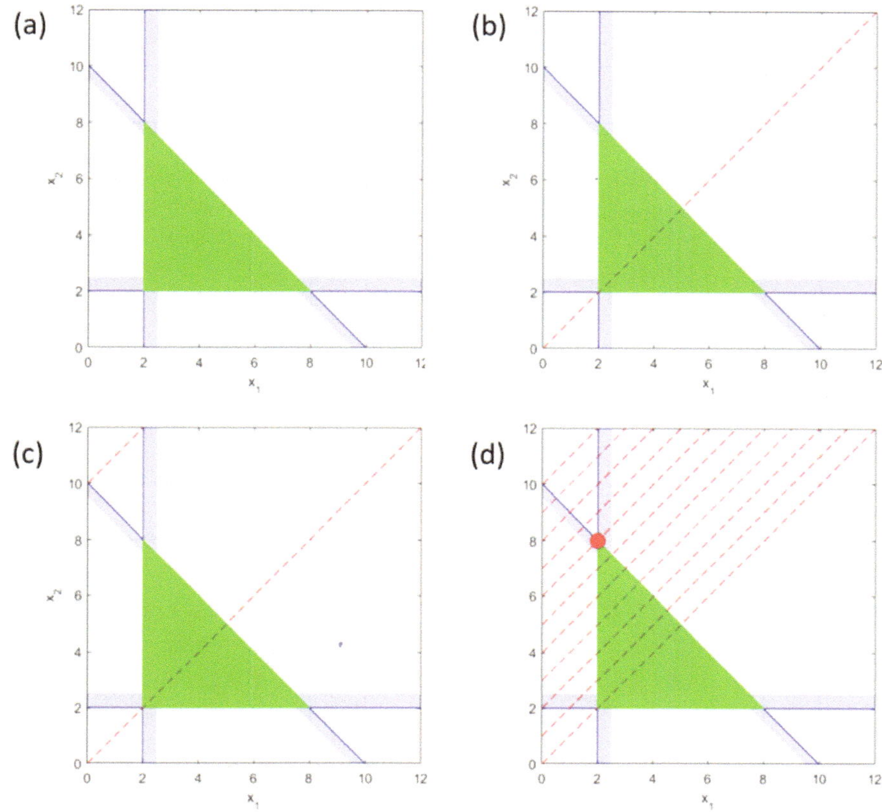

Abbildung 3.2 Grafische Lösung: (a) Feasible Region (grün), (b) Konturlinie (gestrichelt rot) für $f = 0$, (c) Konturlinie (gestrichelt rot) für $f = -10$, (d) Spektrum von Konturlinien (gestrichelt rot) und Lösung (roter Punkt)

aktiv. Geometrisch interpretiert bedeutet dies: Die aktiven Nebenbedingungen sind die Nebenbedingungen, die die Ecke des Dreiecks *bilden*, auf der die Lösung *sitzt*.

Grafische Lösung von bivariaten LP

Ein bivariates LP lässt sich immer grafisch lösen. Dabei gehen wir wie folgt vor:

1. Wir zeichnen die Feasible Region.
2. Wir zeichnen eine Schar von Geraden, für die jeweils die Zielfunktion konstant ist.
3. Wir bestimmen die Lösung (falls vorhanden), an der Ecke oder Kante an der die Zielfunktion minimal ist.
4. Wir bestimmen die aktiven Nebenbedingungen. Diese sind die Nebenbedingungen, die am Lösungspunkt exakt erfüllt sind. In der Grafik bilden diese Nebenbedingungen die Ecke, auf die die Lösung liegt.

Beispiel

Ein mittelständisches Unternehmen produziert zwei Artikel (Artikel A_1 und Artikel A_2), die jeweils einen Arbeitsschritt auf den Maschinen M_1, M_2 und M_3 benötigen. Der Artikel A_1 benötigt je Mengeneinheit eine Herstellungszeit von 0,5 Stunden auf Maschine M_1, 2,0 Stunden auf Maschine M_2 und 1,5 Stunden auf Maschine M_3. Der Artikel A_2 benötigt je Mengeneinheit eine Herstellungszeit von 2,0 Stunden auf Maschine M_1, 3,0 Stunden auf Maschine M_2 und 0,5 Stunden auf Maschine M_3. Die Maschine M_1 steht täglich 10 Stunden, die Maschine M_2 18 Stunden und die Maschine M_3 12 Stunden zur Verfügung. Mit einer Mengeneinheit von Artikel A_1 erzielt man einen Gewinn von 2000 SFr, mit einer Mengeneinheit von Artikel A_2 einen Gewinn von 4000 SFr. Es werden täglich x_1 Mengeneinheiten von Artikel A_1 und x_2 Mengeneinheiten von Artikel A_2 produziert. Ein Arbeitsschritt kann an einem Arbeitstag begonnen und am nächsten Arbeitstag fertiggestellt werden. Es stellt sich die Frage, wie x_1 und x_2 gewählt werden müssen, damit der Gewinn maximal wird.

1. Wir formulieren zuerst das Optimierungsproblem. Dazu gehen wir systematisch vor und beantworten der Reihe nach folgende Fragen:

   (A) Was sind die Design-Variablen und welche Eigenschaften haben diese?

   Die Design-Variablen sind die Mengeneinheiten x_1 und x_2 (in Mengeneinheit/Tag). Diese können reelwertig, aber nicht negativ sein. Jedes nicht-negative Zahlen-Paar (x_1, x_2) bezeichnet also einen möglichen Produktionsplan für die Fertigung.

   (B) Was ist das Optimierungs-Ziel und wie kann ich dieses durch die Design-Variablen ausdrücken?

   Das Optimierungs-Ziel ist die Maximierung des Gewinns. Der Gewinn hängt eindeutig (als Funktion) von dem gewählten Produktionsplan (x_1, x_2) ab:

   $$G(x_1, x_2) = 2000 \frac{SFr}{kg}(x_1 + 2x_2),$$

   mit der Einheit SFr/Tag.

   (C) Welche Bedingungen gelten sonst noch und wie kann ich diese Bedingungen durch die Design-Variablen ausdrücken?

   Nur den Gewinn $G(x_1, x_2)$ zu maximieren würde auf die triviale Lösung unendlich führen, indem man eines der beiden Mengen gegen unendlich streben lässt. Dies würde unbeschränkte Produktions-Kapazitäten voraussetzen, die in der Realität natürlich nicht zur Verfügung stehen. Als zusätzliche Bedingung müssen wir also die beschränkten Ressourcen, namentlich die Beschränkung der täglichen Betriebsstunden der 3 Maschinen berücksichtigen. Wir berechnen die Zeiten T_1, T_2 und T_3, die die jeweilige Maschine, abhängig von (x_1, x_2), pro Tag benötigt wird:

$$
\begin{aligned}
T_1(x_1, x_2) &= 0.5x_1 + 2x_2, \\
T_2(x_1, x_2) &= 2x_1 + 3x_2, \\
T_3(x_1, x_2) &= 1.5x_1 + 0.5x_2.
\end{aligned}
$$

Mit der Beschränkung der Arbeitszeit der Maschinen ergeben sich somit folgende Ungleichheits-Nebenbedingungen:

$$
\begin{aligned}
0.5x_1 + 2x_2 &\leq 10, \\
2x_1 + 3x_2 &\leq 18, \\
1.5x_1 + 0.5x_2 &\leq 12.
\end{aligned}
$$

Zusätzlich fordern wir noch die Nicht-Negativität von (x_1, x_2) und erhalten somit das Optimierungs-Problem für $(x_1, x_2) \in \mathbb{R}^2$:

$$
\begin{aligned}
G^* &= \max[2000(x_1 + 2x_2)], \\
0.5x_1 + 2x_2 &\leq 10, \\
2x_1 + 3x_2 &\leq 18, \\
1.5x_1 + 0.5x_2 &\leq 12, \\
x_1 &\geq 0, \\
x_2 &\geq 0.
\end{aligned}
$$

2. Wir Klassifizieren das Optimierungsproblem.
   Es handelt sich um ein LP mit zwei Design-Variablen und 5 Ungleichheits-Nebenbedingungen.
3. Wir lösen das Optimierungsproblem grafisch
   Wir schreiben die ersten 3 Ungleichheits-Nebenbedingungen als:

$$
\begin{aligned}
x_2 &\leq -\frac{1}{4}x_1 + 5, \\
x_2 &\leq -\frac{2}{3}x_1 + 6, \\
x_2 &\leq -3x_1 + 24.
\end{aligned}
$$

Wir konstruieren die Feasible Region grafisch (s. Abb. 3.3). Schließlich bestimmen wir die Konturlinien (rote gepunktete Linien) der Zielfunktion zu:

$$x_2 = \frac{C}{4000} - \frac{1}{2}x_1.$$

Somit erhalten wir als Lösung der Schnittpunkt der beiden Geraden $x_2 = -\frac{1}{4}x_1 + 5$ und $x_2 = -\frac{2}{3}x_1 + 6$. Dieser ist: $(x_1^* = 2.4, x_2^* = 4.4)$. Es müssen also 2.4 Einheiten pro Tag von A_1 und 4.4 Einheiten pro Tag von A_2 gefertigt werden um den maximal möglichen Gewinn $G^* = 22'400$ SFr pro Tag, auf Basis der zur Verfügung stehenden Ressourcen, zu erwirtschaften.

4. Welche Nebenbedingungen sind aktiv?
Für den optimalen Produktionsplan $(x_1^* = 2.4, x_2^* = 4.4)$ sind die Betriebsstunden der Maschinen:

$$\begin{aligned}
T_1(x_1^*, x_2^*) &= 10, \\
T_2(x_1^*, x_2^*) &= 18, \\
T_3(x_1^*, x_2^*) &= 4.
\end{aligned}$$

Somit sind die Maschinen 1 und 2 maximal ausgelastet, während Maschine 3 noch über Fertigungskapazität verfügt. Somit sind die Ungleichheits-Nebenbedingungen für Maschine 1 und 2 aktiv. Die anderen 3 Nebenbedingungen sind nicht-aktiv.

In diesem Beispiel erkennen wir anschaulich die praktische Bedeutung der aktiven Nebenbedingungen: Die beiden aktiven Nebenbedingungen bilden den *Flaschenhals* in der Produktion, denn beide sind maximal ausgelastet. Dagegen steht die eine nicht-aktive Nebenbedingung für eine Maschine, die noch weitere Fertigungs-Kapazitäten zur Verfügung stellen könnte.

Wenn man den Gewinn erhöhen will indem man neue Maschinen anschafft, macht dies nur Sinn für die beiden Maschinen, denen jeweils die beiden aktiven Nebenbedingungen entsprechen.

Wir haben nun schon etwas Erfahrung in der grafischen Lösung von bivariaten LPs gesammelt. Wir fassen die Eigenschaften von bivariaten LPs in vereinfachter Weise zusammen:

1. Die Feasible Region eines bivariaten LPs wird durch Geraden begrenzt. Es handelt sich somit um eine Fläche, die durch (1-dimensionale) Kanten und (0-dimensionale) Ecken begrenzt wird. So eine Fläche nennt man Simplex.
2. Die Feasible Region kann *nicht-beschränkt* sein (s. Abb. 3.4 links). In diesem Fall ist es nicht möglich einen Kreis mit endlichem Radius zu finden, in dem die Feasible Region enthalten ist.

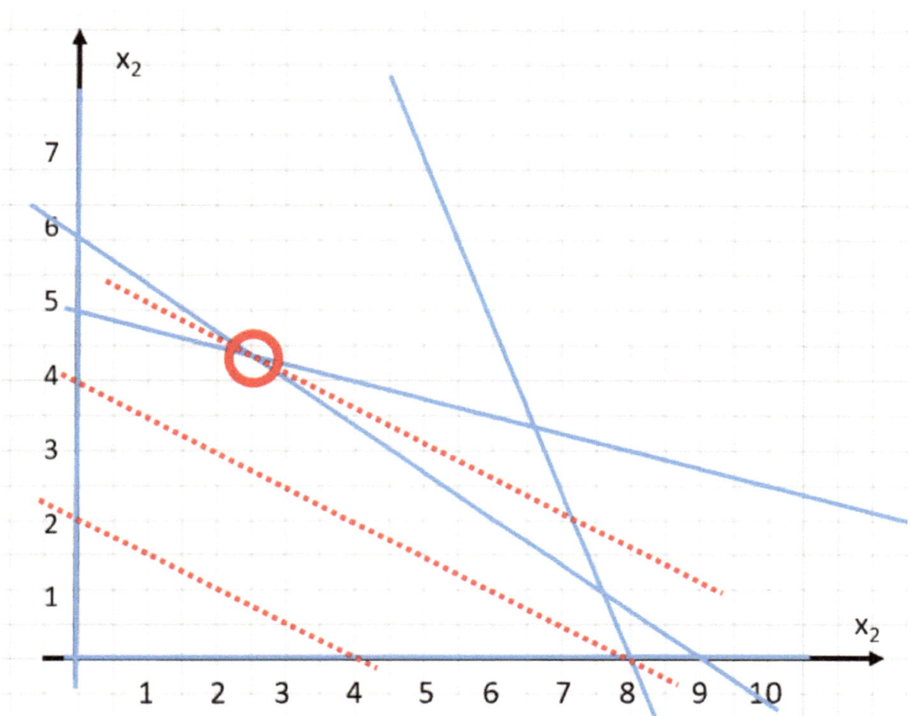

Abbildung 3.3 Grafische Lösung des Beispiels: Lineare Nebenbedingungen (blaue Linien), Konturlinien der Zielfunktion (rote gepunktete Linien) und Lösung (roter Kreis).

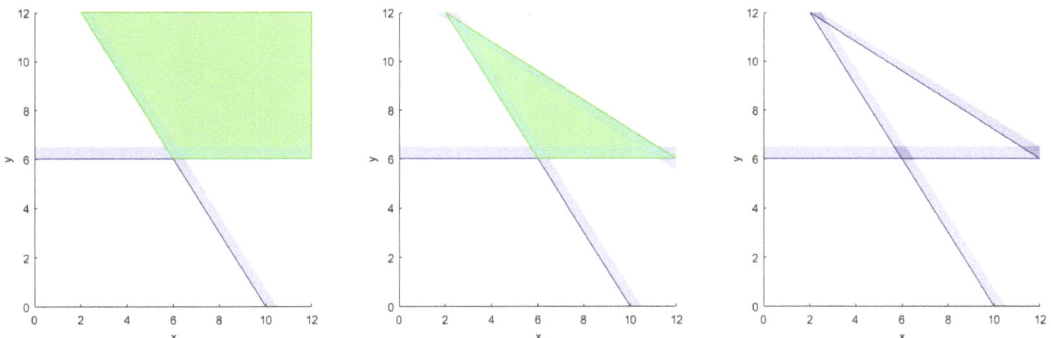

Abbildung 3.4 Links: 2 Nebenbedingungen bilden eine *nicht-beschränkte* Feasible Region, Mitte : 3 Nebenbedingungen bilden eine *beschränkte* Feasible Region, Rechts: 3 Nebenbedingungen bilden eine leere Feasible Region.

3. Die Feasible Region kann *beschränkt* sein (s. Abb. 3.4 mitte). In diesem Fall ist es möglich einen Kreis mit endlichem Radius zu finden, in dem die Feasible Region enthalten ist.
4. Die Feasible Region eines bivariaten LPs kann leer sein. Dann besitzt das LP keine Lösung (s. Abb. 3.4 rechts). In diesem Fall besitzt das LP natürlich keine Lösung.
5. Die Lösung x^* eines bivariaten LPs ist fast immer eine Ecke der Feasible Region.
6. Die Lösung x^* eines bivariaten LPs ist fast immer eindeutig (keine koexistierenden lokalen Minima).
7. Ein bivariates LP kann keine Lösung besitzen, dies ist dann der Fall, wenn: (i) die Feasible Region leer ist oder (ii) die Zielfunktion innerhalb einer nicht-beschränkten Feasible Region gegen minus unendlich strebt.

Bemerkungen:

1. Jede Kante des Randes der Feasible Region entspricht einer Nebenbedingung.
2. Eine Ecke der Feasible Region wird durch mindestens 2 Kanten gebildet.
3. Fast immer (s.o.) ist die Lösung x^* an einer Ecke der Feasible Region. Die Nebenbedingungen, die diese Ecke bilden heißen aktiv, die anderen nicht-aktiv

3.2.1 Übungen

3.2.1.1

Es sei folgende Optimierungsaufgabe gegeben, für $(x_1, x_2) \in \mathbb{R}^2$:

$$
\begin{aligned}
f^* &= \min(-x_1 - x_2), \\
x_1 &\leq 6, \\
x_2 &\leq 4, \\
-x_1 &\leq 0, \\
-x_2 &\leq 0.
\end{aligned}
$$

$$(3.15)$$
$$(3.16)$$
$$(3.17)$$
$$(3.18)$$

1. Um welche Problemklasse handelt es sich?
2. Lösen Sie das Optimierungsproblem graphisch. Welche Nebenbedingungen sind aktiv?

3.2.1.2

Es sei folgende Optimierungsaufgabe gegeben, für $(x_1, x_2) \in \mathbb{R}^2$:

$$
\begin{aligned}
f^* &= \min(-x_1 - 0.5x_2), \\
x_2 &\leq 4 + x_1, \\
x_2 &\geq 2x_1,
\end{aligned}
$$

1. Um welche Problemklasse handelt es sich?
2. Lösen Sie das Optimierungsproblem graphisch.

3.2.1.3

Eine Firma stellt vier verschiedene Lacksorten L1; L2; L3 und L4 her. Der Gewinn
pro kg beträgt 1.50 SFr bei L1, 1.00 SFr bei L2, 2.00 SFr bei L3 und 1.40 SFr bei L4.
Verfahrensbedingt können pro Tag zusammen höchstens 1300 kg der Lacksorten L1 und L2 sowie zusammen höchstens 2000 kg der Lacksorten L1;L3 und L4
hergestellt werden. Die Mindestproduktion von L3 soll 800 kg betragen. Von L4
weiß man, dass pro Tag nicht mehr als 500 kg benötigt werden. Wieviel kg jeder
Lacksorte soll die Firma pro Tag herstellen, um einen möglichst großen Gewinn
zu erzielen?

1. Modellieren Sie dieses Produktionsplanungsproblem als Optimierungsproblem. Um welche Problemklasse handelt es sich?
2. Finden Sie mittels Versuch-und-Irrtum (ca. 30 Min) möglichst gute Lösungen.
   Verwenden Sie Matlab. Bemerkung: Die mathematische Lösung des Optimierungsproblems ist nicht verlangt, diese lernen Sie erst in ein paar Wochen.

3.2.1.4

In einer Firma sollen zwei Nahrungsmittel N_1 und N_2 produziert werden, die aus
den Grundstoffen G_1 und G_2 hergestellt werden. Zur Vorbereitung der Produk-
tionsplanung wird ermittelt, wie viele Grundstoffe vorhanden sind und welche
Mengen (in t) zur Herstellung einer Palette der Nahrungsmittel jeweils benötigt
werden. Alle Daten sind in der folgenden Tabelle zusammengestellt:

	G_1 [t/Palette]	G_2 [t/Palette]
N_1	0.15	0.20
N_2	0.20	0.10
Vorrat	60	40

Nach Abzug der Produktionskosten wird für eine Palette des Nahrungsmittel N_1 bzw. N_2 ein Gewinn in Höhe von 1000 SFr bzw. 2000 SFr erwartet. Gesucht ist ein Produktionsplan, der den maximalen Gewinn erbringt. Wegen bestehender Verträge müssen mindestens 50 Paletten N_1 und 100 Paletten N_2 hergestellt werden.

1. Modellieren Sie dieses Produktionsplanungsproblem als Optimierungsproblem. Um welche Problemklasse handelt es sich?
2. Lösen Sie die Aufgabe graphisch. Welche Nebenbedingungen sind aktiv?

3.2.1.5

Ein Politiker möchte seine Wahlkampfgelder möglichst effizient einsetzen. Nach einer aktuellen Umfrage kann er in der Stadt mit 50'000 Stimmen (von total 100'000 Stimmen), in der Vorstadt mit 60'000 Stimmen (von total 200'000 Stimmen) und auf dem Land mit 10'000 Stimmen (von total 50'000 Stimmen) rechnen. Abhängig davon, in welches Wahlkampfthema er investiert, steigt oder sinkt seine Beliebtheit in den drei Bevölkerungsgruppen. In der Tabelle sind die erwarteten Stimmengewinne bzw. -verluste (in Tausend) gezeigt, wenn der Kandidat SFr 1'000 in das jeweilige Thema investiert.

Wahlkampfthema	Variable	Stadt	Vorstadt	Land
Straßenbau	x_1	-2	5	3
Öffentlicher Nahverkehr	x_2	8	2	-5
Subventionen	x_3	0	0	10
Mineralölsteuer	x_4	10	0	-2

Die Tabelle ist folgendermaßen zu interpretieren: Werden SFr 1'000 (entspricht $x_1 = 1$) in den Wahlkampf für das Thema Straßenbau investiert, sinken die erwarteten Wählerstimmen in der Stadt um 2'000, nehmen in der der Vorstadt aber um 5'000 und auf dem Land um 3'000 zu. Analog für die restlichen drei Zeilen.

1. Der Berater A möchte die Ausgaben für den Wahlkampf so steuern, dass der Politiker sowohl in der Stadt, als auch in der Vorstadt und auf dem Land mindestens die absolute Mehrheit erringt. Stellen Sie das Optimierungs-Problem auf um die geringst möglichen Kosten für die Wahlkampf-Strategie von Berater A zu berechnen.

2. Der Berater B möchte die Ausgaben für den Wahlkampf so steuern, dass der Politiker in seinem gesamten Wahlkreis (bestehend aus Stadt, Vorstadt und Land) die absolute Mehrheit erringt. Stellen Sie das Optimierungs-Problem auf um die geringst möglichen Kosten für die Wahlkampf-Strategie von Berater B zu berechnen.

3.3 Nonlinear Programming: Reelwertige, Bivariate Optimierung mit Nebenbedingungen

Definition 3.3 Nonlinear Programming (NLP)

Bivariate, reelwertige Optimierungsprobleme mit Nebenbedingungen (Nonlinear Programming oder NLP) besitzen die Form:

$$
\begin{aligned}
f^* = f(x^*) \;&=\; \min f(x), & (3.19)\\
g_1(x) \;&\leq\; 0,\\
\ldots \;&\leq\; 0,\\
g_M(x) \;&\leq\; 0.
\end{aligned}
$$

mit dem Vektor der N = 2 Design-Variablen $x = (x_1, x_2) \in \mathbb{R}^2$. Dabei heißt $f : \mathbb{R}^2 \to \mathbb{R}$ Zielfunktion Die Funktion $g : \mathbb{R}^2 \to \mathbb{R}^M$ bestimmt die M Ungleichheits-Nebenbedingungen. Dabei ist mindestens f oder eine Nebenbedingung g_i nichtlinear. $x^* = (x_1^*, x_2^*)$ ist die Lösung des Optimierungsproblems und f^* ist der optimale Wert der Zielfunktion. Der Bereich $\mathbb{F}$ der Vektoren für die alle Nebenbedingungen erfüllt sind heißt Erlaubter Bereich oder Feasible Region. Die Nebenbedingungen $g_i(x)$ für die gilt: $g_i(x^*) = 0$ heißen aktiv. Die anderen heißen nicht-aktiv.

Bemerkungen:

1. Es müssen nicht ALLE Nebenbedingungen nichtlinear sein.
2. Sonderfall: f ist quadratisch und g ist linear. Dann nennt man das Optimierungsproblem Quadratic Programming (QP).
3. Im Allgemeinen wird angenommen, dass f und g 2-mal stetig differenzierbar sind.

Wir beginnen mit der Lösung zweier Beispiele:

Beispiel: Folgendes Optimierungsproblem sei gegeben für $(x_1, x_2) \in \mathbb{R}^2$:

$$
\begin{aligned}
f^* &= \max(x_1 + x_2), & (3.20)\\
x_1 &\geq 0, & (3.21)\\
x_2 &\geq 0, & (3.22)\\
x_1 \cdot x_2 &\leq 1. & (3.23)
\end{aligned}
$$

1. Klassifizieren Sie die Optimierungsaufgabe.

   Es handelt sich um eine bivariate, reelwertige Optimierungsaufgabe mit 2 linearen Ungleichheitsnebenbedingungen und einer nichtlinearen Ungleichheitsnebenbedingung. Die Zielfunktion ist linear. Es handelt sich um ein NLP.

2. Lösen Sie die Optimierungsaufgabe grafisch?

   Wir skizzieren zuerst die Feasible Region $\mathbb{F}$ (grüne Fläche in Abb. 3.5) und stellen dazu die 3. Nebenbedingung um zu: $x_2 \leq \frac{1}{x_1}$. $\mathbb{F}$ ist eine sichelförmige Fläche, die sich nach oben und nach rechts ins Unendliche erstreckt. Nun zeichnen wir die Kurvenschar mit konstantem Wert C der Zielfunktion. Da die Zielfunktion linear ist, handelt es sich um eine Schar von parallelen Geraden: $x_2 = -x_1 + C$. Ein Teil der Kurvenschar ist in Abb. 3.5 gezeigt. Wir erkennen: Für immer größer werdendes C ergibt sich immer eine Schnittmenge mit der Feasible Region. Deshalb hat diese Aufgabe keine Lösung.

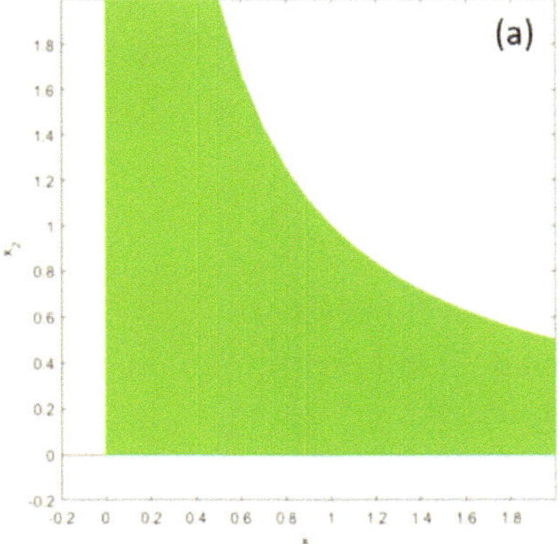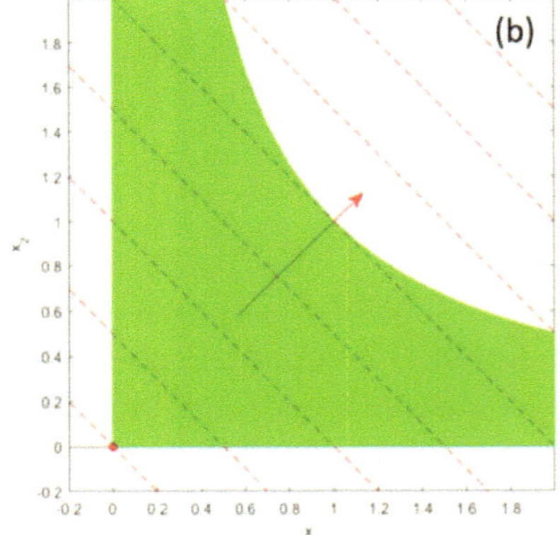

Abbildung 3.5 Grafische Lösung von Bsp 1: (a) Die Feasible Region ist grün eingezeichnet, (b) Die Schar der Geraden mit jeweils konstanter Zielfunktion ist rot gestrichelt eingezeichnet. Die Lösung $(0; 0)$ ist als roter Punkt eingezeichnet. Der rote Pfeil gibt an in welche Richtung der Wert der Zielfunktion wächst.

Beispiel

Folgendes Optimierungsproblem sei gegeben für $(x_1, x_2) \in \mathbb{R}^2$:

$$f^* = \min(x_1 + x_2), \tag{3.24}$$
$$x_1 \geq 0, \tag{3.25}$$
$$x_2 \geq 0, \tag{3.26}$$
$$x_1 \cdot x_2 \leq 1. \tag{3.27}$$

1. Klassifizieren Sie die Optimierungsaufgabe.

   Es handelt sich um eine bivariate reelwertige Optimierungsaufgabe mit 2 linearen Ungleichheitsnebenbedingungen und einer nichtlinearen Ungleichheitsnebenbedingung. Die Zielfunktion ist linear. Es handelt sich um ein NLP.

2. Lösen Sie die Optimierungsaufgabe grafisch?

   Wir skizzieren zuerst die Feasible Region $\mathbb{F}$ (grüne Fläche in Abb. 3.5) und stellen dazu die 3. Nebenbedingung um zu: $x_2 \leq \frac{1}{x_1}$. $\mathbb{F}$ ist eine sichelförmige Fläche, die sich nach oben und nach rechts ins Unendliche erstreckt. Nun zeichnen wir die Kurvenschar mit konstantem Wert C der Zielfunktion. Da die Zielfunktion linear ist, handelt es sich um eine Schar von parallelen Geraden: $x_2 = -x_1 + C$. Ein Teil der Kurvenschar ist in Abb. 3.5 gezeigt. Wir erkennen: (a) Für $C \geq 0$ ergibt sich eine Schnittmenge mit der Feasible Region. (b) Für $C < 0$ ergibt sich keine Schnittmenge mit der Feasible Region. (c) Somit ist die Lösung $C = f^* = 0; x_1^* = 0; x_2^* = 0$ mit den zwei aktiven Nebenbedingungen (3.25) und (3.25).

Bivariate NLPs besitzen folgende Eigenschaften:

1. Die Grenzen der Feasible Region sind i.A. gekrümmte Linien (2-dimensional) und Ecken (1-dimensional).
2. Die Feasible Region kann aus einer einzigen Fläche oder mehreren nichtverbundenen Flächen bestehen.
3. Die Feasible Region kann leer sein.
4. Die Lösung eines NLP kann im Inneren der Feasible Region, auf einer Kante oder auf einer Ecke liegen.
5. Ein NLP kann ko-existierende lokale Minima besitzen.

Somit können wir bivariate NLPs grafisch wie folgt lösen:

1. Wir zeichnen die Feasible Region in ein kartesisches Koordinatensystem.
2. Wir zeichnen die Schar der Kurven mit konstantem Wert der Zielfunktion.

3. Wir bestimmen den Punkt innerhalb oder auf dem Rand der Feasible Region, an der die Zielfunktion den minimalsten Wert besitzt.

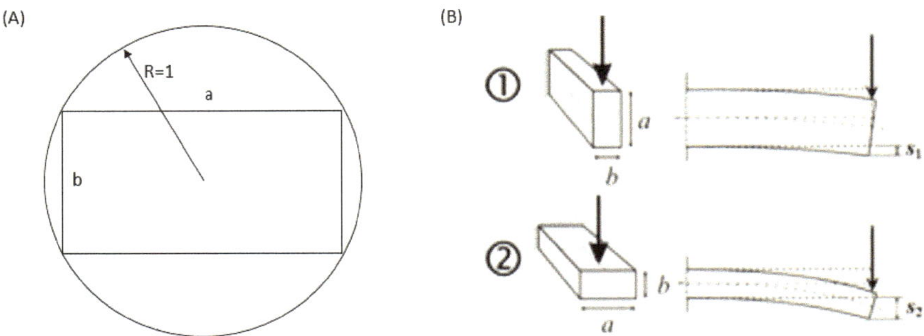

Abbildung 3.6 Links: Skizze Balken und Baumstamm. Rechts: Verbiegung des Balkens hochkant und längs belastet.

Beispiel: Aus einem Baumstamm mit Radius $R = 1$ soll ein Balken mit rechteckigem Querschnitt mit den Seitenlängen a und b geschnitten werden, wobei $a \geq b$. Die Seitenlängen a und b sind so zu wählen, dass der Balken, einseitig eingespannt, auf Biegung maximal stabil ist. Bemerkung: Die Steifigkeit des Balkens wird durch sein Flächenmoment $I = \frac{1}{12}a^3 b$ bestimmt (s. Abb. 3.6).

1. Wir formulieren zuerst das Optimierungsproblem. Dazu gehen wir systematisch vor und beantworten der Reihe nach folgende Fragen:

   (A) Was sind die Design-Variablen und welche Eigenschaften haben diese?

   Die Design-Variablen sind die Seitenlängen a und b des Balkens. Diese können reelwertig, aber nicht negativ sein. Jedes nicht-negative Zahlen-Paar (a, b) bezeichnet also einen möglichen Querschnitt eines Balkens.

   (B) Was ist das Optimierungs-Ziel und wie kann ich dieses durch die Design-Variablen ausdrücken?

   Das Optimierungs-Ziel ist die Maximierung des Flächenmoments I. Die Abhängigkeit des Flächenmoments von den Design-Variablen (a, b) ist:

   $$I(a, b) = \frac{1}{12}a^3 b.$$

   (C) Welche Bedingungen gelten sonst noch und wie kann ich diese Bedingungen durch die Design-Variablen ausdrücken?

   Nur das Flächenmoment $I(a, b)$ zu maximieren würde auf die triviale Lösung unendlich führen, indem man eines der beiden Seitenlängen gegen unendlich streben lässt. Dies würde einen unbeschränkt grossen Stamm voraussetzen, der in der Realität natürlich nicht zur Verfügung stehen. Als zusätzliche Bedingung müssen wir also die beschränkt grossen Stamm (Kreis mit Radius $R = 1$) als Nebenbedingung formulieren und erhalten:

$$(\frac{a}{2})^2 + (\frac{b}{2})^2 \leq 1.$$

Zusätzlich fordern wir noch die Nicht-Negativität von (a, b) und erhalten somit das Optimierungs-Problem für $(a, b) \in \mathbb{R}^2$:

$$\begin{aligned} I^* &= \max[\frac{1}{12}a^3 b], \\ a^2 + b^2 &\leq 4, \\ a &\geq 0, \\ b &\geq 0. \end{aligned}$$

2. Wir klassifizieren Sie die Optimierungsaufgabe.
   Es handelt sich um ein NLP mit einer nichtlinearen Zielfunktion, einer nichtlinearen Ungleichheits-Nebenbedingung und 2 linearen Ungleichheits-Nebenbedingungen.
3. Wir lösen das Optimierungsproblem grafisch.
   Wir konstruieren die Feasible Region grafisch (s. Abb. 3.7). Die Feasible Region ist ein Viertelkreis mit Radius $R = 1$. Nun bestimmen wir die Konturlinien (rote gepunktete Linien) der Zielfunktion zu:

$$b = \frac{12C}{a^3}.$$

Die Konturlinien sind Hyperbeläste. Somit erhalten wir als Lösung den Hyperbelast $b_1(a) = \frac{12C}{a^3}$, der den Rand der Feasible Region $b_2(a) = \sqrt{4 - a^2}$ berührt. Wir fordern deshalb für die Lösung die 2 Bedingungen:

$$\begin{aligned} b_1(a) &= b_2(a), \\ b_1'(a) &= b_2'(a). \end{aligned}$$

Somit erhalten wir das nichtlineare Gleichungssystem für die 2 Unbekannten C und a:

$$\frac{12C}{a^3} = \sqrt{4 - a^2},$$

$$-\frac{36C}{a^4} = -\frac{a}{\sqrt{4 - a^2}}.$$

Im Allgemein sind nichtlineare Gleichungssysteme schwierig zu lösen, aber in diesem Fall kommen wir zur Lösung indem wir die jeweils linke Seite durch die jeweils rechte Seite beider Gleichungen dividieren. Dies führt zur Elimination von C:

$$\frac{a}{3} = \frac{4 - a^2}{a},$$

$$\frac{4}{3}a^2 = 4,$$

$$a^* = \sqrt{3}.$$

Damit ergibt sich: $b^* = 1$ und das maximale Flächenmoment ist $I^* = \frac{1}{12}(a^*)^3 b^* = \frac{\sqrt{3}}{4}$. Der optimale Querschnitt des Balkens ist also $(\sqrt{3}, 1)$.

4. Welche Nebenbedingungen sind aktiv?

Es ist eine Nebenbedingung aktiv: $a^2 + b^2 \leq 4$.

3.3.1 Übungen

3.3.1.1

Es sei folgende Optimierungsaufgabe gegeben, für $(x_1, x_2) \in \mathbb{R}^2$:

$$f^* = \min(x_1^2 + x_2^2),$$

$$x_1 \geq 0,$$

$$x_2 \geq 0,$$

$$x_2 \geq 4 - x_1,$$

1. Um welche Problemklasse handelt es sich?
2. Lösen Sie das Optimierungsproblem graphisch. Welche Nebenbedingungen sind aktiv?

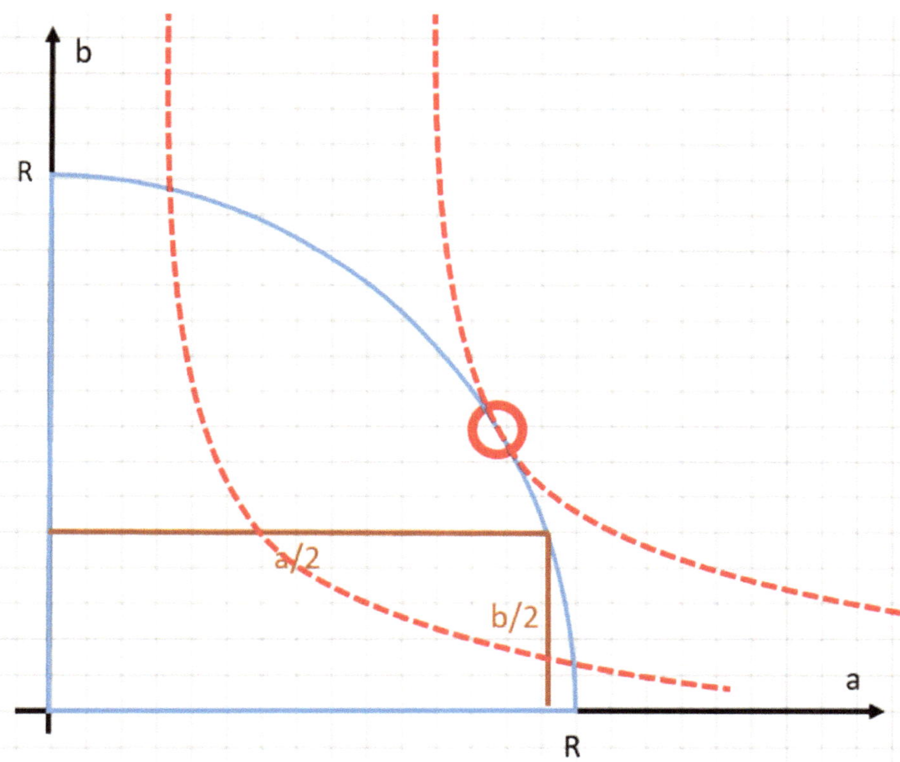

Abbildung 3.7 Grafische Lösung des Beispiels: Nebenbedingungen (blaue Linien), Konturlinien der Zielfunktion (rote gepunktete Linien) und Lösung (roter Kreis).

3.3.1.2

Es sei folgende Optimierungsaufgabe gegeben, für $(a, b) \in \mathbb{R}^2$:

$$
\begin{aligned}
f^* &= \min(a + b), \\
a \cdot b &\geq 1, \\
a \cdot b &\leq 4, \\
a &\leq 4, \\
a &\geq 1,
\end{aligned}
$$

1. Um welche Problemklasse handelt es sich?
2. Lösen Sie das Optimierungsproblem graphisch. Welche Nebenbedingungen sind aktiv?

3.3.1.3

Es sei folgende Optimierungsaufgabe gegeben, für $(x_1, x_2) \in \mathbb{R}^2$:

$$
\begin{aligned}
f^* &= \min(-x_1 - 0.5x_2), \\
x_1^2 + x_2^2 &\leq 4, \\
x_2 &\geq -1,
\end{aligned}
$$

1. Um welche Problemklasse handelt es sich?
2. Lösen Sie das Optimierungsproblem graphisch. Welche Nebenbedingungen sind aktiv?

3.3.1.4

Es sei folgende Optimierungsaufgabe gegeben, für $(x, y) \in \mathbb{R}^2$:

$$
\begin{aligned}
f^* &= \max(y - x), \\
x^2 + y^2 &\leq 4, \\
(x - 2)^2 + y^2 &\leq 1,
\end{aligned}
$$

1. Um welche Problemklasse handelt es sich?
2. Lösen Sie das Optimierungsproblem graphisch. Welche Nebenbedingungen sind aktiv?

3.3.1.5

Ihre Aufgabe ist es den optimalen Standort eines Lagers zu planen. Das Lager bedient 5 Kunden, die sich an folgenden Standorten befinden: $K_1(-2;-3)$, $K_2(-1;1)$, $K_3(0;4)$, $K_4(2;1)$, und $K_5(2;0.5)$. Im Umkreis von 2 Längeneinheiten um den Punkt $(0;0)$ befindet sich ein Wohngebiet in das keine Lagerhalle gebaut werden darf. Bestimmen Sie den Standort des Lagers (x,y) so, dass die Summe der Abstände zu allen Kunden (Luftlinie) minimal ist.

1. Fertigen Sie ein Skizze an. Schätzen Sie die optimale Position des Lagers und berechnen Sie die Summe der Abstände.
2. Modellieren Sie das Problem als Optimierungsaufgabe. Um welche Problemklasse handelt es sich? Tipp: Verwenden Sie als Zielfunktion die Summe der Abstandsquadrate.
3. Lösen Sie das Optimierungsproblem mit einer geeigneten Methode. Vergleichen Sie Ihr Ergebnis mit dem Ergebnis von (a). Was ist der Unterschied in Prozent?

3.4 Bivariate Integer-Optimierung

Definition 3.4 Bivariates Integer-Optimierungsproblem
Optimierungsprobleme mit zwei ganz-zahligen Design-Variablen $n = (n_1, n_2) \in \mathbb{F} \subseteq \mathbb{Z}''$ besitzen:

$$f^* = f(n^*) = \min f(n). \tag{3.28}$$
$$\begin{aligned} g_1(n) &\leq 0, \\ \ldots &\leq 0, \\ g_M(n) &\leq 0. \end{aligned}$$

Dabei heisst $f : \mathbb{Z}^2 \to \mathbb{R}$ Zielfunktion und $g_1, \ldots g_M$ sind die M Nebenbedingungen.

Bei Integer-Problemen werden die Unterscheidungen zwischen linear und nichtlinear weniger rigoros getroffen als bei den rellwertigen Optimierungsproblemen.

Beispiel
Ein mittelständisches Unternehmen produziert zwei Artikel (Artikel A_1 und Artikel A_2), die jeweils einen Arbeitsschritt auf den Maschinen M_1, M_2 und M_3 benötigen. Der Artikel A_1 benötigt je Mengeneinheit eine Herstellungszeit von 1,25 Stunden auf Maschine M_1, 1,5 Stunden auf Maschine M_2 und 1

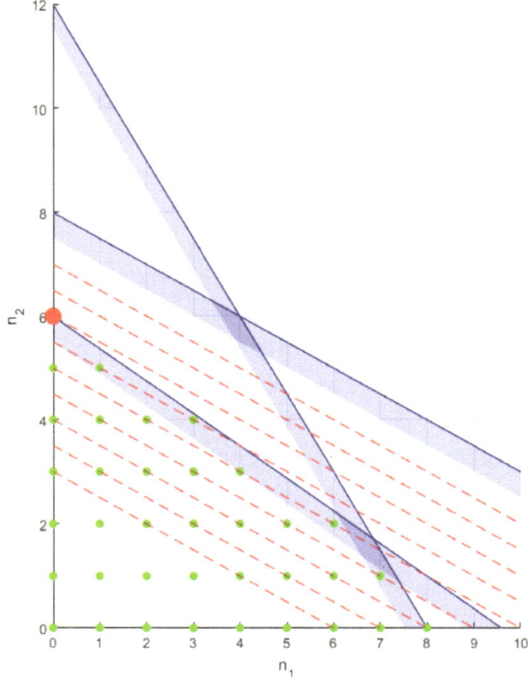

Abbildung 3.8 Grafische Lösung von Bsp 1. Die Feasible Region ist die Menge der grün gezeichneten 36 Punkte. Einige ausgewählte Geraden mit jeweils konstanter Zielfunktion sind rot gestrichelt eingezeichnet. Die Lösung $(0;6)$ ist als roter Punkt eingezeichnet. Der rote Pfeil gibt an in welche Richtung der Wert der Zielfunktion wächst.

Stunde auf Maschine M_3. Der Artikel A_2 benötigt je Mengeneinheit eine Herstellungszeit von 2 Stunden auf Maschine M_1, 1 Stunde auf Maschine M_2 und 2 Stunden auf Maschine M_3. Die Maschine M_1 steht täglich 12 Stunden, die Maschine M_2 12 Stunden und die Maschine M_3 16 Stunden zur Verfügung.

Die Produktion muss so gesteuert werden, dass am Ende des Arbeitstages die Arbeitsschritte auf jeder Maschine abgeschlossen sind. Es ist also nicht möglich an einem Tag einen Arbeitsschritt auf einer Maschine zu beginnen und am nächsten Tag fertigzustellen.

Mit einer Mengeneinheit von Artikel A_1 erzielt man einen Gewinn von 2000 SFr, mit einer Mengeneinheit von Artikel A_2 einen Gewinn von 4000 SFr. Es werden täglich n_1 Mengeneinheiten von Artikel A_1 und n_2 Mengeneinheiten von Artikel A_2 produziert. Es stellt sich die Frage, wie n_1 und n_2 gewählt werden müssen, damit der Gewinn maximal wird.

1. Stellen Sie das Optimierungsproblem auf.

Da keine halbfertige Ware auf Lager liegen darf, sind die Planzahlen n_1, n_2 natürliche Zahlen oder die Null: $(n_1, n_2) \in \mathbb{N}_0^2$. Der Gewinn $G(n_1, n_2) = 2000(n_1 + 2n_2)$ soll maximiert werden. Dabei müssen die maximalen Einsatzzeiten T_i der 3 Maschinen beachtet werden, also:

$$
\begin{align}
T_1 &= \frac{5}{4}n_1 + 2n_2 \leq 12, & (3.29) \\
T_2 &= 1.5n_1 + n_2 \leq 12, & (3.30) \\
T_3 &= n_1 + 2n_2 \leq 16. & (3.31)
\end{align}
$$

Somit ergibt sich folgendes Optimierungsproblem:

$$
\begin{align}
G^* &= \max 2000(n_1 + 2n_2), & (3.32) \\
\frac{5}{4}n_1 + 2n_2 &\leq 12, & (3.33) \\
1.5n_1 + n_2 &\leq 12, & (3.34) \\
n_1 + 2n_2 &\leq 16. & (3.35)
\end{align}
$$

2. Um welche Problemklasse handelt es sich?

Es handelt sich um ein Integer-Optimierungsproblem mit 2 ganzzahligen Design-Variablen, einer linearen Zielfunktion und 3 linearen Ungleichheitsnebenbedingungen. Manchmal wird so ein Problem auch als Integer-LP bezeichnet.

3. Lösen Sie das Optimierungsproblem grafisch.

Wir beginnen mit der Konstruktion der Feasible Region und schreiben dazu die Nebenbedingungen um:

$$
\begin{align}
n_2 &\leq -\frac{5}{8}n_1 + 6, & (3.36) \\
n_2 &\leq -\frac{3}{2}n_1 + 12, & (3.37) \\
n_2 &\leq -\frac{1}{2}n_1 + 8. & (3.38)
\end{align}
$$

Die Feasible Region besteht in der Folge aus 36 Punkten wie in Abb. 3.8 dargestellt. Wir konstruieren nun die Schar der Geraden mit konstanter Zielfunktion $G(n_1, n_2) = 2000(n_1 + 2n_2) = 4000C$. Diese sind: $n_2 = -\frac{1}{2}n_1 + C$.

Zum Schluss finden wir den Punkt aus der Feasible Region, der den höchsten Wert der Zielfunktion besitzt. Somit ist die Lösung: $n_1^* = 0; n_2^* = 6, G^* = 24'000$.

> **4.** Welche Nebenbedingungen sind aktiv?
>
> Nebenbedingung (1) ist aktiv.

3.4.1 Übungen

3.4.1.1

Es sei folgende Optimierungsaufgabe gegeben, für $(n, m) \in \mathbb{Z}^2$:

$$
\begin{aligned}
f^* &= \min(-3m - 2n), \\
m &\geq -2, \\
m &\leq 4, \\
n &\leq 6 + m.
\end{aligned}
$$

1. Um welche Problemklasse handelt es sich?
2. Skizzieren Sie den erlaubten Bereich (Feasible Region). Wie viele Elemente besitzt der erlaubte Bereich? Lösen Sie das Optimierungsproblem graphisch. Welche Nebenbedingungen sind aktiv?

3.4.1.2

Es sei folgende Optimierungsaufgabe gegeben, für $a \in \{1, 1.5, 2, 3, 3.5, 4.5, 6\}, b \in \mathbb{N}$:

$$
\begin{aligned}
f^* &= \min(a - 2b), \\
a \cdot b &\geq 1, \\
a \cdot b &\leq 4,
\end{aligned}
$$

1. Um welche Problemklasse handelt es sich?
2. Lösen Sie das Optimierungsproblem graphisch. Wie viele Elemente besitzt die Feasible Region? Welche Nebenbedingungen sind aktiv?

3.4.1.3

Es sei folgende Optimierungsaufgabe gegeben, für $(m, n) \in \mathbb{Z}^2$:

$$
\begin{aligned}
f^* &= \max(n - 2m), \\
m^2 + n^2 &\leq 16, \\
(m - 4)^2 + n^2 &\leq 4,
\end{aligned}
$$

1. Um welche Problemklasse handelt es sich?
2. Wie viele Elemente besitzt der Erlaubte Bereich? Lösen Sie das Optimierungsproblem graphisch. Aus wie vielen Elementen besteht die Feasible Region? Welche Nebenbedingungen sind aktiv?

3.4.1.4

Ein Ingenieur benötigt für die Aufrüstung einer Rechnersteuerung 17 Chips vom Typ A und 13 Chips vom Typ B. In einem Fachgeschäft werden diese zwei Chips in zwei Packungseinheiten angeboten:

– Packung 1 enthält 4 Chips vom Typ A und 2 Chips vom Typ B.
– Packung 2 enthält 3 Chips vom Typ A und 3 Chips vom Typ B.

Der Preis für Packung 1 ist USD 100.– und der Preis für Packung 2 ist USD 200.–. Wie viele Packungen von jeder Sorte soll der Ingenieur kaufen, damit seine Kosten minimal sind?

3.5 Bivariate Mixed-Integer-Optimierung

> **Definition 3.5** Bivariate Mixed-Integer Optimierungsproblem
> *Bivariate Mixed-Integer Optimierungsprobleme besitzen die Form für $x \in \mathbb{R}$ und $n \in S \subseteq \mathbb{Z}$:*
>
> $$\begin{aligned} f^* = f(x^*, n^*) &= \min f(x, n), \\ g_1(x, n) &\leq 0, \\ \ldots &\leq 0, \\ g_M(x, n) &\leq 0. \end{aligned} \tag{3.39}$$
>
> *Dabei heißt $f : (\mathbb{R} \times S) \to \mathbb{R}$ Zielfunktion und (x, n) nennen wir Design-Variablen oder den Vektor der Design-Variablen. Die Funktion $g : \mathbb{R} \times S \to \mathbb{R}^M$ heißt Nebenbedingungen. (x^*, n^*) ist die Lösung des Mixed-Integer Optimierungsproblems und f^* ist der optimale Wert der Zielfunktion. Der Bereich $\mathbb{F}$ der Vektoren für die alle Nebenbedingungen erfüllt sind heißt Erlaubter Bereich oder Feasible Region. Sind die Funktionen f und g linear, heißt das Optimierungsproblem Mixed-Integer Linear Programming (MILP).*

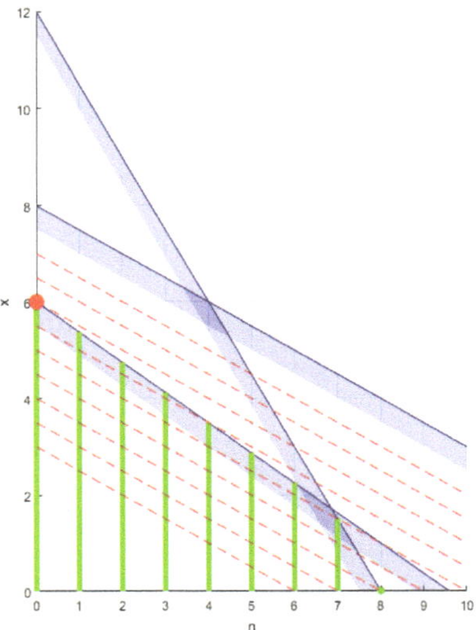

Abbildung 3.9 Grafische Lösung von Bsp 1. Die Feasible Region ist die Menge der grün gezeichneten 36 Punkte. Einige ausgewählte Geraden mit jeweils konstanter Zielfunktion sind rot gestrichelt eingezeichnet. Die Lösung $(0;6)$ ist als roter Punkt eingezeichnet. Der rote Pfeil gibt an in welche Richtung der Wert der Zielfunktion wächst.

Beispiel

Ein mittelständisches Unternehmen produziert zwei Artikel (Artikel A_1 und Artikel A_2). Der Artikel A_1 benötigt je Mengeneinheit eine Herstellungszeit von 1,25 Stunden auf Maschine M_1, 1,5 Stunden auf Maschine M_2 und 1 Stunde auf Maschine M_3. Der Artikel A_2 benötigt je Mengeneinheit eine Herstellungszeit von 2 Stunden auf Maschine M_1, 1 Stunde auf Maschine M_2 und 2 Stunden auf Maschine M_3. Die Maschine M_1 steht täglich 12 Stunden, die Maschine M_2 12 Stunden und die Maschine M_3 16 Stunden zur Verfügung.

Für Produkt A_1 muss die Produktion so gesteuert werden, dass am Ende des Arbeitstages die Arbeitsschritte auf jeder Maschine abgeschlossen sind. Bei der Fertigung von Produkt A_1 ist es also nicht möglich an einem Tag einen Arbeitsschritt auf einer Maschine zu beginnen und am nächsten Tag fertigzustellen.

Mit einer Mengeneinheit von Artikel A_1 erzielt man einen Gewinn von 2000 SFr, mit einer Mengeneinheit von Artikel A_2 einen Gewinn von 4000 SFr. Es werden täglich n Mengeneinheiten von Artikel A_1 und x Mengeneinheiten von Artikel A_2 produziert. Es stellt sich die Frage, wie n und x gewählt werden müssen, damit der Gewinn maximal wird.

1. **Stellen Sie das Optimierungsproblem auf.**
   Da bei Produkt A_1 ein begonnener Prozess an einer Maschine am Ende des Tages abgeschlossen sein muss, ist die Planzahl n für A_1 eine natürliche Zahlen oder die Null: $n \in \mathbb{N}_0$. Die Planzahl x für A_2 kann eine reellwertige nicht-negative Zahl sein: $x \in \mathbb{R}$. Der Gewinn $G(n, x) = 2000(n + 2x)$ soll maximiert werden. Dabei müssen die maximalen Einsatzzeiten T_i der 3 Maschinen beachtet werden, also:

$$
\begin{aligned}
T_1 &= \frac{5}{4}n + 2x \leq 12, & (3.40)\\
T_2 &= 1.5n + x \leq 12, & (3.41)\\
T_3 &= n + 2x \leq 16. & (3.42)
\end{aligned}
$$

Somit ergibt sich folgendes Optimierungsproblem:

$$
\begin{aligned}
G^* &= \max 2000(n + 2x), & (3.43)\\
\frac{5}{4}n + 2x &\leq 12, & (3.44)\\
1.5n + x &\leq 12, & (3.45)\\
n + 2x &\leq 16, & (3.46)\\
x &\geq 0. & (3.47)
\end{aligned}
$$

2. **Um welche Problemklasse handelt es sich?**
   Es handelt sich um ein Mixed-Integer-Optimierungsproblem mit 1 ganzzahligen und einer reellwertigen Design-Variablen, einer linearen Zielfunktion und 4 linearen Ungleichheitsnebenbedingungen. Manchmal wird so ein Problem auch als Mixed-Integer-LP bezeichnet.

3. **Lösen Sie das Optimierungsproblem grafisch?**
   Wir beginnen mit der Konstruktion der Feasible Region und schreiben dazu die Nebenbedingungen um:

$$
\begin{aligned}
x &\leq -\frac{5}{8}n + 6, & (3.48)\\
x &\leq -\frac{3}{2}n + 12, & (3.49)\\
x &\leq -\frac{1}{2}n + 8, & (3.50)\\
x &\geq 0. & (3.51)
\end{aligned}
$$

Die Feasible Region besteht in der Folge aus 8 senkrechten Geradenstücken verschiedener Länge und einen isolierten Punkt wie in Abb. 3.5 dargestellt. Wir konstruieren nun die Schar der Geraden mit konstanter Zielfunktion

$G(n, x) = 2000(n + 2x) = 4000C$. Diese sind: $x = -\frac{1}{2}n + C$. Zum Schluss finden wir den Punkt aus der Feasible Region, der den höchsten Wert der Zielfunktion besitzt. Somit ist die Lösung: $n_1^* = 0; n_2^* = 6, G^* = 24'000$.

4. Welche Nebenbedingungen sind aktiv?

Nebenbedingung (1) ist aktiv.

3.5.1 Übungen

3.5.1.1

Es sei folgende Optimierungsaufgabe gegeben, für $x \in \mathbb{R}$ und $n \in \mathbb{N}$:

$$
\begin{aligned}
f^* &= \min(-x - 2n), \\
x &\geq 0, \\
x &\leq 4, \\
n &\leq 6.
\end{aligned}
$$

1. Um welche Problemklasse handelt es sich?
2. Skizzieren Sie den erlaubten Bereich (Feasible Region). Lösen Sie das Optimierungsproblem graphisch. Welche Nebenbedingungen sind aktiv?

3.5.1.2

Es sei folgende Optimierungsaufgabe gegeben, für $x \in \mathbb{R}, n \in \mathbb{Z}$:

$$
\begin{aligned}
f^* &= \min_{x,n}\left(-x + \frac{2}{n}\right), \\
n &\geq -2, \\
n &\leq 2, \\
x &\leq 4 - n.
\end{aligned}
$$

1. Um welche Problemklasse handelt es sich?
2. Skizzieren Sie den erlaubten Bereich (Feasible Region). Lösen Sie das Optimierungsproblem graphisch. Welche Nebenbedingungen sind aktiv?

3.5.1.3

Es sei folgende Optimierungsaufgabe gegeben, für $a \in \{1, 1.5, 2, 3, 3.5, 4\}, b \in \mathbb{R}$:

$$
\begin{aligned}
f^* &= \max(b - a^2), \\
a \cdot b &\geq 1, \\
a \cdot b &\leq 4,
\end{aligned}
$$

1. Um welche Problemklasse handelt es sich?
2. Lösen Sie das Optimierungsproblem graphisch. Welche Nebenbedingungen sind aktiv?

3.5.1.4

Es sei folgende Optimierungsaufgabe gegeben, für $x \in \mathbb{R}, n \in \mathbb{Z}$:

$$
\begin{aligned}
f^* &= \min(x^2 - n), \\
x^2 + n^2 &\leq 9, \\
n &\leq -x + 3,
\end{aligned}
$$

1. Um welche Problemklasse handelt es sich?
2. Wie viele Elemente besitzt die Feasible Region? Lösen Sie das Optimierungsproblem graphisch. Welche Nebenbedingungen sind aktiv?

3.6 Kombinatorische Optimierung

Eine der bekanntesten kombinatorischen Optimierungsprobleme ist das Travelling Salesman Problem (TSP). Lesen Sie dazu [17, 34]. Kombinatorische Optimierungsprobleme sind in hohem Masse praxisrelevant. Sie treten beispielsweise bei der Routenplanung und der Berechnung von optimalen Produktionsplänen auf. Die Kombinatorische Optimierung wird in diesem Kurs nicht vertieft. Zur Vertiefung verweisen wir auf die Spezialliteratur [15].

Bemerkungen:

1. Wir betrachten in diesem Kurs die Kombinatorische Optimierung als einen Spezialfall der Integer-Optimierung.
2. Bei Kombinatorischen Optimierungsproblemen sind die Anzahl der Lösungsmöglichkeiten immer endlich und diskret. Die Lösungsmöglichkeiten entstehen dabei oft durch Kombinationen oder Permutationen von einfachen Zuständen. Deshalb wächst bei Kombinatorischen Optimierungsproblemen die Anzahl der Lösungsmöglichkeiten sehr schnell mit der Größe des Problems.

Abbildung 3.10 Weltrekord: die kürzeste Rundreise durch sämtliche 13 509 Städte der USA (ohne Alaska und Hawai) mit mehr als 500 Einwohnern [7, 34]

3. Deshalb sind Kombinatorische Optimierungsprobleme immer mittels einer Enumeration lösbar. Allerdings kann es sein, dass die Ressourcen (Speicher, Rechenzeit), die zur Lösung eines Kombinatorischen Optimierungsproblems mittels Enumeration nötig wären, sehr, sehr, sehr groß sind, im Vergleich zu den einem Menschen zur Verfügung stehenden Ressourcen sind.

4. Man unterscheidet zwei verschiedene Klassen von Kombinatorischen Optimierungsproblemen: (a) *NP-harte* Kombinatorische Optimierungsprobleme und (b) *nicht-NP-harte* Kombinatorische Optimierungsprobleme.

5. NP-harte Kombinatorische Optimierungsprobleme sind ausschliesslich durch Enumeration lösbar. Effizientere Lösungsmethoden als die Enumeration sind nicht bekannt.

6. Für nicht-NP-harte Kombinatorische Optimierungsprobleme sind effizientere Lösungsmethoden als die Enumeration bekannt.

7. Manchmal werden NP-harte Kombinatorische Optimierungsprobleme als *unlösbar* bezeichnet. Diese Bezeichnung ist etwas irreführend, denn diese sind sehr wohl lösbar, nämlich mittels einer Enumeration. Allerdings sind die zur konkreten Durchführung der Enumeration benötigten Ressourcen (Speicher, Rechenzeit) sehr groß und können den Menschen zur Verfügungen stehenden Ressourcen übersteigen.

3.6.1 Übungen

3.6.1.1

Sie planen eine Rundreise, beginnend und endend in $A(0;0)$. Sie wollen 3 Städte besuchen: $B(-1;6)$, $C(2;2)$ und $D(3;-2)$. Legen Sie die Reihenfolge ihrer Besuche so, dass die Gesamtstrecke minimal ist.

1. Um welche Problemklasse handelt es sich?
2. Wie viele mögliche Varianten gibt es? Lösen Sie die Aufgabe durch Enumeration. Legen Sie eine Tabelle an.

3.6.1.2

Ein Kollege plant eine Rundreise mit dem Ziel Kunden in N Städten zu besuchen. Er möchte mittels Enumeration die optimale Route bestimmen. Dazu verwendet er einen Computer, der zur Bewertung einer Variante 1 Sekunde benötigt. Wie lange rechnet der Computer bis er mittels Enumeration die optimale Route gefunden hat?

1. $N = 10$. Geben Sie das Ergebnis in Tagen an.
2. $N = 15$. Geben Sie das Ergebnis in Jahren an.
3. $N = 20$. Betrachten Sie das Ergebnis im Verhältnis zu dem Alter des Universums von 13.82 Milliarden Jahren.

3.7 Übungen ganzes Kapitel

3.7.1

Es sei folgende Optimierungsaufgabe gegeben, für $x \in \mathbb{R}$:

$$f^* = \max(x^2 - 2x).$$

Welche Aussagen sind wahr?

1. Es handelt sich um ein Integer-Optimierungsproblem.
2. Es handelt sich um ein univariates Optimierungsproblem.
3. Es handelt sich um ein LP.
4. Es handelt sich um ein restringiertes Optimierungsproblem.
5. Es handelt sich um ein kombinatorisches Optimierungsproblem.

3.7.2

Es sei folgende Optimierungsaufgabe gegeben, für $(x, y) \in \mathbb{R}^2$:

$$
\begin{aligned}
f^* &= \min f(x, y), \\
0 &\leq x \leq 1, \\
0 &\leq y \leq 1,
\end{aligned}
$$

Welche Aussagen sind wahr?

1. Es handelt sich um ein bivariates Optimierungsproblem.
2. Es handelt sich um ein univariates Optimierungsproblem.
3. Es handelt sich um ein mixed-integer Optimierungsproblem.
4. Es handelt sich um ein restringiertes Optimierungsproblem.
5. Das Optimierungsproblem besitzt 4 nichtlineare Nebenbedingungen.

3.7.3

es sei folgende Optimierungsaufgabe gegeben, für $(x_1, x_2) \in \mathbb{R}^2$ und $k \in \mathbb{N}$:

$$
\begin{aligned}
f^* &= \min(k \cdot x_1 - x_2), \\
\frac{x_1 \cdot x_2}{k} &\leq 1,
\end{aligned}
$$

welche aussagen sind wahr?

1. Es handelt sich um ein bivariates Optimierungsproblem.
2. Es handelt sich um ein reelwertiges Optimierungsproblem.
3. Es handelt sich um ein mixed-integer Optimierungsproblem.
4. Es handelt sich um ein unrestringiertes Optimierungsproblem.
5. Das Optimierungsproblem besitzt 1 nichtlineare Nebenbedingung.

3.7.4

Es sei folgende Optimierungsaufgabe gegeben, für $(x_1, x_2, x_3) \in \mathbb{R}^3$:

$$
\begin{aligned}
f^* &= \min(2x_1 - x_2 + 0.1x_3), \\
x_1 - 10x_2 + x_3 &\leq 1, \\
2x_2 + x_3 &\leq -1, \\
11x_1 - 10x_2 + \frac{x_3}{3} &\leq 1,
\end{aligned}
$$

Welche Aussagen sind wahr?

1. Es handelt sich um ein bivariates Optimierungsproblem.
2. Es handelt sich um ein reelwertiges Optimierungsproblem.
3. Es handelt sich um ein NLP.
4. Es handelt sich um ein LP.
5. Es handelt sich um ein mixed-integer Optimierungsproblem.

3.7.5

Es sei folgende Optimierungsaufgabe gegeben, für $(x_1, x_2, x_3) \in \mathbb{R}^3$:

$$
\begin{aligned}
f^* &= \min(2x_1 - x_2 + 0.1x_3), \\
x_1^2 + 10x_2^2 + x_3^3 &\leq 10, \\
2x_2 + x_3 &\leq -1, \\
11x_1 - 10x_2 + \frac{x_3}{3} &\leq 1,
\end{aligned}
$$

Welche Aussagen sind wahr?

1. Es handelt sich um ein bivariates Optimierungsproblem.
2. Es handelt sich um ein reelwertiges Optimierungsproblem.
3. Es handelt sich um ein NLP.
4. Es handelt sich um ein LP.
5. Es handelt sich um ein mixed-integer Optimierungsproblem.
6. Das Optimierungsproblem besitzt 1 nichtlineare Nebenbedingung und 2 lineare Nebenbedingungen.

3.7.6

Es sei folgende Optimierungsaufgabe gegeben, für $(x_1, x_2, x_3) \in \mathbb{R}^3$:

$$
\begin{aligned}
f^* &= \min(x_1^2 - x_2 + 0.1x_3), \\
x_1 + 10x_2 + x_3 &\leq 10, \\
2x_2 + x_3 &\leq -1, \\
11x_1 - 10x_2 + \frac{x_3}{3} &\leq 1,
\end{aligned}
$$

welche aussagen sind wahr?

1. Es handelt sich um ein integer-Optimierungsproblem.
2. Es handelt sich um ein reelwertiges Optimierungsproblem.

3. Es handelt sich um ein NLP.
4. Es handelt sich um ein LP.
5. Es handelt sich um ein mixed-integer Optimierungsproblem.
6. Das Optimierungsproblem besitzt 1 nichtlineare Nebenbedingung und 2 lineare Nebenbedingungen.

Kapitel 4
Algorithmen und das Newton-Verfahren

In diesem Kapitel beschäftigen wir uns mit der approximativen Lösung von reellwertigen, univariaten Optimierungsproblemen. Dies hilft uns Optimierungsprobleme, die wir bisher nicht lösen konnten, mit einem Optimierungs-Algorithmus zu lösen. Wir beschäftigen uns speziell mit dem Newton-Algorithmus. Wir lernen die wichtigsten Abbruchbedingungen und Qualitätskriterien von Optimierungs-Algorithmen kennen.

Lernziele

1. Sie wissen was ein Algorithmus ist.
2. Sie können den Newton-Algorithmus zur Bestimmung von lokalen Extremalwerten von univariaten, reellwertigen Optimierungsproblemen mit zweimal differenzierbarer Zielfunktion anwenden.
3. Sie kennen die wichtigsten Abbruchkriterien von Optimierungs-Algorithmen.
4. Sie kennen die wichtigsten Qualitätskriterien von Optimierungs-Algorithmen.

4.1 Algorithmen

Wir beginnen mit einer zentralen Definition.

© Springer Fachmedien Wiesbaden GmbH, ein Teil von Springer Nature 2019
M. Bünner, *Optimierung für Wirtschaftsingenieure*, Schriften zum
Wirtschaftsingenieurwesen, https://doi.org/10.1007/978-3-658-26610-3_4

Definition 4.1 Algorithmus

Unter einem Algorithmus verstehen wir eine eindeutige Handlungsvorschrift [6] mit folgenden Eigenschaften:

1. *Die Handlungsvorschrift löst exakt oder näherungsweise ein Problem oder eine Klasse von Problemen.*
2. *Die Ausführung der Handlungsvorschrift benötigt endlich viele Ressourcen, im besonderen sind dies die Anzahl der Teilschritte und der Speicher.*
3. *Die Ergebnisse sind unabhängig von dem die Handlungsvorschrift ausführenden, handelnden Subjekt.*

Ein Algorithmus gemäß der Definition 4.1 ist abstrakt - er ist eine *Idee* und er ist kein physikalisches Objekt. Zur Ausführung benötigt ein Algorithmus ein handelndes Subjekt, das die einzelnen Schritte gemäß Anweisung ausführt. Handelnde Subjekte können Menschen, Tiere, Pflanzen sowie mechanische oder elektronische Maschinen sein. Dies ist eine der wesentlichen Stärken des Algorithmus-Konzeptes, denn somit kann die *Idee* von der konkreten Realisierung der Idee getrennt werden. Aber - um diese Trennung durchführen zu können müssen wir fordern, dass die Ergebnisse unabhängig von dem Objekt (Mensch, Tier, Pflanze, Maschine, usw.), das den Algorithmus ausführt, sind. Obwohl nicht vollständig exakt, haben sich die Begriffe *Software, SW* (für den Algorithmus, oder die Idee) und *Hardware, HW* (Objekt, das die Handlungsanweisungen ausführt) für diese Unterscheidung eingebürgert.

Die konzeptionelle Trennung zwischen Hardware und Software führt dazu, dass Algorithmen, unabhängig von den Details der Hardware, weiterentwickelt werden können. Die Hardware ist aber im Praktischen in allerhöchstem Masse relevant, wenn es darum geht einen Algorithmus schnell, sicher und kostengünstig zur Lösung einer konkreten Aufgabe auszuführen. Der digitale Computer ist heute die dominante Hardware zur Ausführung von Optimierungs-Algorithmen, weil er im Vergleich zum Menschen so viel schneller, sicherer und kostengünstiger ist.

Lassen Sie uns zuerst ein alltägliches Beispiel für einen Algorithmus betrachten. Zum Beispiel ist ein Algorithmus (Def. 4.1) nichts anderes als ein einfaches *Koch-Rezept*. In Abb. 4.1 sehen Sie einen *Koch-Algorithmus* mit dessen Hilfe Sie, auf der Basis der Zutaten, das Problem *Wie backe ich Pfannkuchen?* lösen können. Das Rezept ist so verfasst, dass es von praktisch jedem der gut 7 Milliarden Menschen auf dem Planeten ausgeführt werden kann. Eine Grundlage dafür ist die Standardisierung aller Zutaten: Die Nahrungsmittel-Industrie hat dafür gesorgt, dass fast überall die Zutaten wie Mehl, Milch und Zucker in vergleichbarer Qualität zur Verfügung stehen. Gleichzeitig wollen wir nicht allzu streng sein in der Beurteilung und Qualitätskontrolle des fertigen Pfannkuchen. Insofern erfüllt un-

Abbildung 4.1 Ein einfacher Algorithmus: Pfannkuchen-Rezept.

ser Rezept in Abb. 4.1 alle Anforderungen an einen Algorithmus. Guten Appetit! Ob's schmeckt? Wer weiss...? Und der Algorithmus weiss dies auch nicht.

Lassen Sie uns nun ein Beispiel betrachten, in dem eine Handlungsanweisung kein Algorithmus ist. Dazu wenden wir uns einer (fiktiven) Handlungsanweisung zu, um ein *Bündner Lamm*, so wie es der 3-Michelin-Sterne-Koch *Andreas Caminada* im Restaurant *Schauenstein* in Fürstenau (GR) seinen Gästen serviert, zuzubereiten. Die Handlungsanweisung könnte ungefähr aussehen wie in Definition 4.2:

> **Definition 4.2** Bündner Lamm nach Andreas Caminada
>
> 1. *Gehe zum Bauern und wähle ein Lammrücken aus, den Andreas Caminada für geeignet befindet.*
> 2. *....*
> 3. *Schmecke die Sauce mit Majoranstaub ab, bis sie Andreas Caminada als gut befindet.*
> 4. *....*

Die Handlungsanweisung Def. 4.2 ist kein Algorithmus, da das Ergebnis **nicht unabhängig** von dem ausführenden Objekt ist. Denn nur der Meisterkoch Andreas Caminada, vielleicht noch der ein oder andere seiner Schüler, kann diese Handlungsanweisung ausführen und das Bündner Lamm zu dem gewünschten Resultat führen. Gleichzeitig müssen wir von einer sehr strengen Qualitätskontrolle des Endproduktes ausgehen. Diese Qualitätskontrolle kann nur von wenigen Personen, die über hohe Qualitäts-Standards als Fachexperten verfügen, verlässlich durchgeführt werden und ist demnach naturgemäss subjektiv.

Aber worin genau besteht der Unterschied zwischen den beiden Handlungsanweisungen 4.2 und 4.1? Die Antwort ist nicht so einfach, aber wir versuchen es.

Abbildung 4.2 Gebratenes Bündner Lamm mit getrockneten Tomaten, Peperoniröllchen und Harissa, serviert 2011 im 3-Michelin-Sterne-Restaurant Schauenstein in Fürstenau, GR.

Das Pfannkuchen-Rezept 4.1 fokussiert auf allgemein gültige Standards und verzichtet vollständig auf nicht messbare Kriterien. Deshalb kann das Pfannkuchen-Rezept problemlos von jedem Menschen und auch von einem Roboter ausgeführt werden. Auf der anderen Seite fokussiert das Rezept für das Bündner Lamm 4.2 auf den *Geschmack*. Damit beruht dieses Rezept in hohem Masse auf subjektive, nicht generalisierbare menschliche Urteile. Deshalb kann das Bündner-Lamm-Rezept nur von ein sehr geringen Anzahl von Menschen und (vermutlich) nicht von einem Roboter durchgeführt werden. In der Folge können wir das Pfannkuchen-Rezept als *Algorithmus* betrachten und das Bündner-Lamm-Rezept lediglich als *Handlungsanweisung*.

Ähnliche Beispiele lassen sich in einfacher Weise aus dem Bereich der Literatur, Kunst, Musik und vielen anderen Gebieten anführen. So sind keine Algorithmen bekannt, die verlässlich den nächsten literarischen Bestseller schreiben. Ein Buch mit ein paar hundert Seiten kann sicherlich von einem Algorithmus geschrieben werden. Nur - Niemand will dieses Buch lesen!

Algorithmen werden sehr häufig von Computern ausgeführt und weniger häufiger von Menschen oder Tieren. Warum ist das so? Die Antwort ist einfach und soll hier in aller Klarheit dargelegt werden: Computer führen in der Praxis viele Algorithmen aus, weil sie dies schneller, sicherer und kostengünstiger können, und weil sie über größere Ressourcen verfügen als Menschen, Tiere oder andere Maschinen. Es ist NICHT so, dass Computer intelligenter als Menschen sind und sie deshalb Dinge erledigen zu denen Menschen im Prinzip nicht fähig sind.

Früher, bei Abwesenheit von Computern und sonstigen Rechenmaschinen, wurden Algorithmen von mit Stift und Papier ausgerüsteten Menschen ausgeführt. Die Menschen, die von Hand diese Algorithmen ausführten nannte man *Computer*, wörtlich als *Ausrechner* zu übersetzen. Computer war also ehemals eine Berufsbezeichnung wie Schlosser oder Schreiner. Einer berühmten Gruppe von

Abbildung 4.3 Die «Rocket Girls» bei der Arbeit: Bevor es elektronische Geräte gab, übernahmen die Frauen die für die Luft- und Raumfahrt unabdingbare Rechenarbeit, etwa für Windkanalmessungen oder Raketengeschwindigkeiten (hier Angestellte des US-Forschungszentrums JPL in Pasadena, Kalifornien; Foto von 1955).

weiblichen Computern bei der NASA, deren Einfluss auf das Gelingen der ersten Mondlandung nicht unterschätzt werden kann, wurde im Jahr 2016 filmisch ein Denkmal gesetzt («Hidden Figures», Regie: Theodore Melfi, Oscar-Nominierung 2017), siehe Abb. 4.1).

Von daher gilt: Der Computer macht nichts *Neues* oder *Anderes* wenn er einen Algorithmus ausführt. Auch einen Mensch könnte den Algorithmus ausführen. Allerdings wäre dies in der Regel sehr, sehr, zeitaufwändig und sehr, sehr teuer. Letztlich führt der Computer lediglich ein Rezept aus, das von Menschen erstellt wurde. Inwieweit dies «intelligent» zu nennen ist, ist Gegenstand aktueller Diskussionen und führt uns direkt zu einer der zentralen Frage der Künstlichen Intelligenz (KI) oder Artificial Intelligence (AI). Hier ein kurzer Abriss der Diskussion:

– Die Vertreter der **Starken Künstlichen Intelligenz** oder **Strong Artificial Intelligence (starke KI, strong AI)** gehen von der (unbewiesenen) Annahme aus, dass die Gehirne oder Nervensysteme von Menschen und Lebewesen (noch unbekannte) Computer-Programme ausführen. Deshalb konzentrieren sich die Starken-KI'ler darauf diese noch unbekannten Computer-Programme zu *entdecken*. Sobald dies erreicht ist, ist der Computer allen Lebewesen, auch dem Menschen, ebenbürtig, aus der Sicht der Starken-KI'ler. Dem Autor ist es an dieser Stelle sehr, sehr wichtig, zu betonen, dass es bis heute niemandem gelungen ist ein *biologisches Gehirn* zu programmieren und in einen Computer zu überführen. Allerdings greifen einige Programmierer diesem Ergebnis vor, indem sie ihren Computer-Programmen biologienahe Namen geben, wie *Neuronale Netze* oder *Genetische Algorithmen*. Diese Namensgebung ist, unter Lichte betrachtet, nicht mehr als eine *Zuschreibung*, die der Emotionalisierung und dem Marketing dient. Da wird, aus Sicht des Autors, das Fell verteilt bevor der Bär geschlachtet ist.

– Die Vertreter der **Schwachen Künstlichen Intelligenz** oder **Weak Artificial Intelligence (schwache KI, weak AI)** gehen von einem (unbewiesenen) prinzipiellen Unterschied zwischen Computer-Software und den intelligenten Leistungen von Lebewesen aus. Sie argumentieren, dass gewisse menschliche Leistungen prinzipiell von einem Computer nicht zu erbringen sind. Aus Sicht der Schwachen-KI'ler ist die Suche nach der Software des Gehirns Zeitverschwendung. Die Anhänger der Schwachen KI argumentieren praxisnah, dass Computer dort eingesetzt werden sollten, wo sie sehr gute Leistungen erbringen, dies aber nicht durch die *irgendeine Intelligenz* der Software geschieht. Stattdessen, argumentieren die Schwachen-KI'ler wurde die Problemlösungs-Kompetenz durch Menschen in den Computer gebracht.

Das beschriebene Spannungsfeld zwischen der starken und der schwachen KI ist eines der großen offenen wissenschaftlichen Fragen des 21. Jahrhunderts. Deshalb lohnt es sich darüber nachzudenken. Grosse Geister wie Alan Turing, J. Searle und Roger Penrose haben zu dem Forschungsfeld beigetragen, aber: Sie konnten das Problem nicht lösen.

Liebe Leserin, lieber Leser, ist es für Sie eine attraktive Vorstellung ein Held der Wissenschaft zu werden und Wissenschaftsgeschichte zu schreiben? Falls ja, beweisen Sie dass der menschliche Geist entweder <u>kein</u> oder doch <u>ein</u> Computer-Programm ist. Falls Ihnen dies gelingt, versichere ich Ihnen, ziehen Sie in den wissenschaftlichen Olymp einen und thronen neben Galilio, Newton und Einstein - frühstücken mit Archmides und hängen nachts an der Bar mit Stephen Hawking ab. Weiterführend zu diesen interessanten Fragen sei das einerseits wissenschaftlich profunde und andererseits populärwissenschaftliche Buch von Roger Penrose [21] empfohlen.

4.2 Optimierungs-Algorithmen

Algorithmen werden in zahlreichen Anwendungsgebieten entwickelt und eingesetzt: Bilderkennung, Lösung von Differentialgleichungen, Regelung und Steuerung und vielen Gebieten mehr. Im Folgenden beschäftigen wir uns speziell mit Optimierungs-Algorithmen, die wir wie folgt definieren:

> **Definition 4.3** Optimierungs-Algorithmus
> *Unter einem Optimierungs-Algorithmus verstehen wir eine eindeutige Handlungsvorschrift [6] mit folgenden Eigenschaften:*
>
> 1. *Die Handlungsvorschrift löst exakt oder näherungsweise ein Optimierungsproblem oder eine Klasse von Optimierungsproblemen.*
> 2. *Die Ausführung der Handlungsvorschrift benötigt endlich viele Ressourcen, im besonderen sind dies die Anzahl der Teilschritte und der Speicher.*
> 3. *Die Ergebnisse sind unabhängig von dem die Handlungsvorschrift ausführenden physikalischem Objekt.*

Somit ist ein Optimierungs-Algorithmus immer eindeutig einer Klasse von Optimierungs-Problemen zugeordnet, wie in Abb. 4.4 veranschaulicht. In der Praxis löst der eine Algorithmus eine Klasse von Optimierungsproblemen, ist aber nutzlos bei der Lösung von Optimierungsproblemen, die nicht zu dieser Klasse gehören. Diese Werkzeug-Aufgabe-Zuordnung kennen wir alle aus dem Alltag: So ist ein Hammer einem Nagel zugeordnet, ein Stift einem Blatt Papier und ein 8-Kant-Schlüssel einer 8-Kant-Mutter. Aus diesem Grunde ist die Ihre Fähigkeit, lieber Leser, ein vorliegendes Optimierungsproblem zu klassifizieren elementar wichtig, denn dies ist die Grundlage um einen geeigneten Optimierungs-Algorithmus zur Lösung zu identifizieren.

An dieser Stelle mag bereits bei dem ein oder anderen Leser der Wunsch entstehen: *Entwickelt doch einfach einen Algorithmus, der alle Probleme löst. Warum machen die Mathematiker dies so kompliziert?* So verständlich dieser Wunsch ist, wie wir später sehen werden, kann es diesen universellen Optimierungs-Algorithmus zwar geben, aber er ist so schlecht und ineffizient, dass er für die Lösung fast aller praktischen Probleme keinen Nutzen bringt. Aber seien Sie unbesorgt, je mehr praktische Erfahrung Sie in der Lösung von Optimierungs-Problemen erlangen, desto natürlicher wird es Ihnen werden für das jeweilige Optimierungs-Problem das geeignete Spezial-Werkzeug anzuwenden.

Einen einfachen Optimierungs-Algorithmus kennen wir bereits. Dieser löst alle Optimierungsprobleme innerhalb der Klasse der univariaten, unrestringierten, rellwertigen, quadratischen Optimierungsprobleme:

$$f^* = f(x^*) = \min \quad [ax^2 + bx + c], \tag{4.1}$$

mit beliebigen $(a, b, c) \in \mathbb{R}^3, a > 0$.

Folgender Algorithmus ermittelt die Lösung von (4.1):

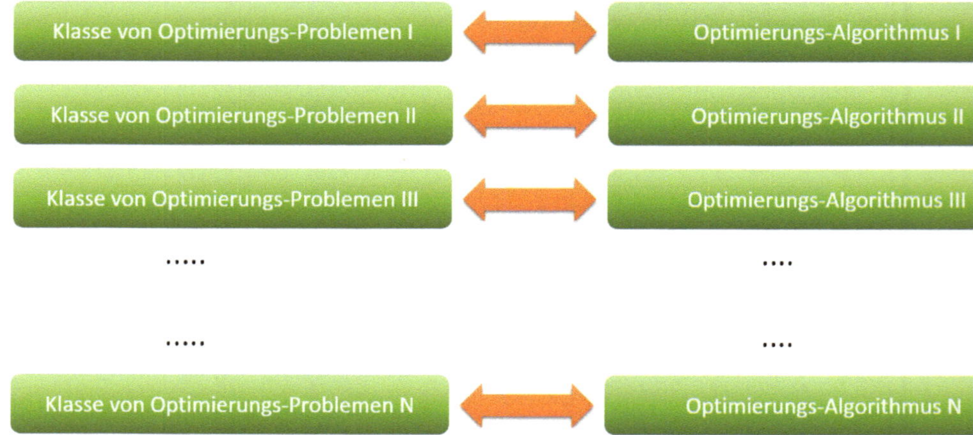

Abbildung 4.4 Zusammenhang zwischen Optimierungs-Algorithmus und Optimierungsproblem.

Definition 4.4   Opt-Alg-1

1. Berechne Ableitung $f' = 2ax + b$.
2. Berechne Nullstelle der Ableitung $x^* = -\frac{b}{2a}$.
3. Ende.

Der Algorithmus Opt-Alg-1 ist ungefähr die Herangehensweise, die man in der Schule oder in einem Kurs für Differentialrechnung lernt und ist in gewisser Weise auf den Menschen als ausführendes Objekt zugeschnitten. Der Algorithmus kann von trainierten Menschen problemlos ausgeführt werden. Bis zu den 70'er und 80'er Jahre des letzten Jahrhunderts waren Computer nicht in der Lage den Algorithmus auszuführen, da Computer nicht ableiten konnten. Durch Computer-Algebra-Systeme wie Mathematica, MuPad u.a. lernten die Computer in den 70'er und 80'er Jahren das differenzieren von Funktionen und können seitdem den Algorithmus ausführen.

Der folgende Algorithmus zur Lösung von (4.1) ist sehr viel direkter und kann problemlos von Menschen und Computern ausgeführt werden:

Definition 4.5   Opt-Alg-2

1. Berechne $x^* = -\frac{b}{2a}$.
2. Ende.

Beide Optimierungs-Algorithmen (Def. 4.4 - 4.5) besitzen einige hervorstechende Eigenschaften: (a) Das Ergebnis ist exakt richtig. (b) Die Ausführung benötigt eine unveränderliche und bekannte Anzahl von sehr, sehr wenigen Teilschritten, (c) Der Algorithmus löst alle unendlich vielen Optimierungsprobleme, die zu der Klasse der univariaten, unrestringierten, rellwertigen, quadratischen Optimierungsprobleme gehört. Deshalb delegieren wir diesen Algorithmus in der Regel nicht an einen Computer. Es ist schneller sich selber zur Hardware zur Ausführung von Def. 4.4 zu machen und die Aufgabe mit Papier und Bleistift von Hand zu lösen.

In der Regel versuchen wir in der Numerischen Mathematik Algorithmen zu finden, die eine ganze Klasse von Optimierungs-Problemen zu lösen imstande sind. Der folgende Algorithmus

---

Definition 4.6   x=2-Algorithmus

1. $x^* = 2.$
2. *Ende.*

---

ermittelt die Lösung den unendlich vielen univariaten Optimierungsproblemen deren Lösung $x^* = 2$ ist. Um von einem ungelösten Optimierungsproblem zu erkennen, ob er zu der Klasse von Problemen gehört, die 4.6 benötigen müssen wir die Lösung kennen. Nicht sehr sinnvoll. Die in dem Algorithmus Def. 4.6 *eingebaute Erkenntnis*, ist wahrlich gering und lässt sich nicht verallgemeinern.

Demgegenüber ist die im Algorithmus Def. 4.4 befindliche Erkenntnis sehr viel größer, da sich diese auf nicht alle, aber zumindest eine Klasse von unendlich vielen Optimierungsproblemen verallgemeinern lässt, von denen man die Lösung nicht kennen muss.

Einen Optimierungs-Algorithmus, der unendlich viele Ressourcen benötigt, z.B. unendlich lange Rechenzeit, oder unendlich viel Speicher, schließen wir gemäß Definition aus. Dies ist sinnvoll. Ein Beispiel: Folgende Handlungsvorschrift ist KEIN Optimierungs-Algorithmus zur Lösung von (4.1):

Definition 4.7   Handlungsvorschrift-1

1. *Sei $x^* = 1$.*
2. *Wähle eine Zufallszahl x.*
3. *Falls $ax^2 + bx + c < a(x^*)^2 + bx^* + c$, dann $x^* = x$.*
4. *Gehe zu 2.*

Warum ist dies so? Der Grund ist, diese Handlungsvorschrift Def. 4.7 wird immer weiter rechnen und niemals aufhören und verletzt damit die Forderung *benötigt endlich viele Ressourcen, bzw. Teilschritte*.

Wir werden im Folgenden sehen, dass die Lösung von Optimierungs-Problemen fast nie so einfach ist wie Def. 4.4. Bereits die Optimierungsaufgabe

$$f^* = f(x^*) = \min \quad [e^{-x} + x^2], \tag{4.2}$$

kann nicht mehr exakt mit den uns zur Verfügung stehenden analytischen Werkzeugen gelöst werden.

Zur Lösung von (4.2) beginnen wir mit einer einfachen Handlungsvorschrift, nehmen Sie dazu Ihren Taschenrechner zur Hilfe und fertigen eine Tabelle an.

Definition 4.8 Handlungsvorschrift-IHR-Vorname-IHR-Nachname

1. *Sei $x^* = 0$ und $j = 1$.*
2. *Schätzen Sie eine Zahl x auf der Basis ihrer Intuition.*
3. *Falls $e^{-x} + x^2 < e^{-x^*} + (x^*)^2$, dann $x^* = x, f^* = e^{-x} + x^2$.*
4. *$j = j + 1$.*
5. *Gehe zu 2, falls $j < 11$.*
6. *Ende, falls $j = 11$.*

Bei der Durchführung der Handlungsvorschrift (4.8) ist es elementar wichtig, dass sie keine weiteren Hilfsmittel verwenden. Verzichten Sie z.B. darauf mittels einer Grafik Werte zu schätzen.

Beantworten Sie die folgenden Fragen:

1. Welchen Wert $x^* = ...$ für die Lösung des Optimierungs-Problems erhalten Sie?
2. Vergleichen Sie ihr Ergebnis mit den Ergebnissen Anderer. Was beobachten Sie?
3. Warum ist (4.8) eine Handlungsvorschrift aber kein Optimierungs-Algorithmus?

Ein weiterer Versuch zur Lösung von (4.2) ist ein einfacher *stochastischer* Optimierungs-Algorithmus. Im Gegensatz zu den bisher verwendeten *deterministischen* Optimierungs-Algorithmen verwendet der stochastische Optimierungs-Algorithmus Zufallszahlen, also einen stochastischen Prozess. Aus diesem Grund ist das Ergebnis eines stochastischen Optimierungs-Algorithmus in der Regel ebenfalls mit einem Zufalls-Prozess behaftet und somit nicht von Durchgang zu Durchgang identisch.

> **Definition 4.9** stochastischer Optimierungs-Algorithmus
>
> 1. *Sei $x^* = -100$ und $j = 1$.*
> 2. *Wähle eine Zufallszahl x im Bereich $-100 \leq x \leq 100$ mit uniformer Wahrscheinlichkeitsdichte.*
> 3. *Falls $e^{-x} + x^2 < e^{-x^*} + (x^*)^2$, dann $x^* = x, f^* = e^{-x} + x^2$.*
> 4. *$j = j + 1$.*
> 5. *Gehe zu 2, falls $j < 11$.*
> 6. *Stopp, falls $j = 11$.*

Programmieren Sie den Algorithmus Def. 4.9 mit einer geeigneten Programmiersprache.

Beantworten Sie die folgenden Fragen:

1. Welchen Wert $x^* = ...$ für die Lösung des Optimierungs-Problems erhalten Sie?
2. Lassen Sie den Algorithmus mehrmals laufen und vergleichen Sie die Ergebnisse. Welche Beobachtungen machen Sie?
3. Handelt es sich bei (4.9) um eine Handlungsvorschrift oder einen Optimierungs-Algorithmus? Begründen Sie ihre Antwort.

4.3 Das Newton-Verfahren

Wir lernen nun einen der wichtigsten Optimierungs-Algorithmen kennen: Den Newton-Algorithmus. In diesem Buch behandeln wir:

1. den *Newton-Algorithmus* zum Lösen von univariaten konvexen Optimierungsproblemen.
2. den *Modifizierten Newton-Algorithmus* zur approximativen Lösung von univariaten Optimierungsproblemen, die sowohl über konvexe, als auch konkave Gebiete verfügen.

4.3.1 Die Lösung des univariaten, konvexen Optimierungs-Problems mit dem Newton-Verfahren

Es sei f eine zwei-mal stetig differenzierbare, rellwertige Funktion, die $\mathbb{R}$ auf $\mathbb{R}$ abbildet: $f : \mathbb{R} \to \mathbb{R}$. Es sei f konvex: $f''(x) > 0$. f besitze genau einen kritischen

Punkt x^*, der ein lokales und globales Minimum von f darstellt. Ziel ist es das Optimierungs-Problem

$$f^* = f(x^*) = \min f(x). \tag{4.3}$$

zu lösen.

Wir nehmen an, wir haben Kenntnis von einem Punkt x_0, dem sogenannten *Startwert*, der sich *nahe genug* am unbekannten kritischen Punkt x^* befindet. Wir betrachten nun die Taylor-Entwicklung 1. Ordnung der 1. Ableitung von f um den Entwicklungspunkt x_0. Die Fehler dieser Taylor-Entwicklung sind in dem Fehler-Term ϵ summiert:

$$\begin{aligned} f'(x^*) &= f'(x_0) + f''(x_0)(x^* - x_0) + \epsilon, \tag{4.4}\\ 0 &= f'(x_0) + f''(x_0)(x^* - x_0) + \epsilon, \tag{4.5} \end{aligned}$$

Dabei verwenden wir $f'(x^*) = 0$. Der Fehler-Term ϵ verschwindet, falls f eine quadratische Funktion ist, da in diesem Fall die Taylor-Entwicklung 1. Ordnung exakt ist, und wir erhalten mit $\epsilon = 0$:

$$f''(x_0)(x^* - x_0) = -f'(x_0), \tag{4.6}$$

Somit können wir für eine quadratische Funktion f den kritischen Punkt direkt aus der 1. und 2. Ableitung am Startwert x_0 berechnen:

$$x^* = x_0 - \frac{f'(x_0)}{f''(x_0)}, \tag{4.7}$$

Falls f keine quadratische Funktion ist, verschwindet der Fehler-Term ϵ nicht und wir können Gleichung (4.7) nicht zur Bestimmung des kritischen Punktes verwenden. Allerdings erscheint es nicht unvernünftig anzunehmen, dass die linke Seite von Gleichung (4.7) einen Punkt, der nahe an dem exakten kritischen Punkt ist, ergibt. Dies umso mehr je kleiner der Fehlerterm ϵ ist. Ist nun die linke Seite von Gleichung (4.7) näher an dem kritischen Punkt als der Startwert x_0, dann hat die einmalige Anwendung von (4.7) unsere Schätzung des kritischen Punktes verbessert. Dies ermutigt uns (4.7) immer wieder (rekursiv) anzuwenden. Dies wiederholen wir so lange, bis wir nahe genug am kritischen Punkt sind.

Somit ergibt sich die berühmte Newton'sche Rekursionsformel, mit $f_i' = f'(x_i)$ und $f_i'' = f''(x_i)$:

$$x_{i+1} = x_i - \frac{f_i'}{f_i''} \tag{4.8}$$

Kombiniert mit einer Anfangsbedingung x_0 und einer Abbruchbedingung (hier: maximale Anzahl von Versuchen I_{max}) ist diese die Basis des Newton-Algorithmus. Dabei ist f eine zwei-mal stetig differenzierbare, rellwertige Funktion, $f : \mathbb{R} \to \mathbb{R}$ mit dem Startwert x_0.

Die Newton-Rekursion wird abgebrochen, sobald die Anzahl eine sogenannte *Abbruchbedingung* erfüllt ist. Im Folgenden verwenden wir als Abbruchbedingung eine maximale Anzahl von Iterationen I_{max}. Der Algorithmus benötigt als Input den Startwert x_0 und gibt als Output eine Approximation des berechneten kritischen Punktes x^* aus.

Definition 4.10 Newton-Algorithmus in einer Dimension

1. *Sei $i = 0$ und x_0 gegeben.*
2. *Sei $fs_i = f'(x_i)$ und $fss_i = f''(x_i)$.*
3. *Sei $x_{i+1} = x_i - \frac{fs_i}{fss_i}$.*
4. *$i = i + 1$.*
5. *Falls $i < I_{max}$, gehe zu 2.*
6. *Falls $i = I_{max}$, dann $x^* = x_i$, $f^* = f(x^*)$ und Stopp.*

Bemerkungen:

1. Der Newton-Algorithmus (4.10) ist rekursiv. Er benötigt eine Abbruchbedingung.
2. Der Newton-Algorithmus (4.10) ist approximativ. Die Ausgabe x^* des Newton-Algorithmus stimmt nur bis zu einer gewissen Genauigkeit mit der exakten Lösung überein.
3. Für einen Startwert x_0 *nahe genug* an der Lösung x^*, konvergiert der Newton-Algorithmus (4.10) immer gegen die Lösung x^* des univariaten, konvexen Optimierungs-Problems (4.3). Deshalb kann man sagen, abhängig vom Startwert x_0, löst der Newton-Algorithmus (4.10) die Klasse aller univariaten, konvexen Optimierungs-Probleme.
4. Für einen Startwert x_0 *nahe genug* an x^*, konvergiert der Newton-Algorithmus (4.10) sehr, sehr schnell gegen die Lösung x^*. Deshalb ist der Newton-Algorithmus sehr effizient in diesem Fall. Dies ist einer der grossen Stärken des Newton-Algorithmus im Vergleich zu anderen Algorithmen.
5. Es ist die Aufgabe des Anwenders den Anfangswert x_0 und die Abbruchbedingungen geeignet zu wählen um eine gewünschte Genauigkeit für die Ausgabe des Newton-Algorithmus zu erreichen.
6. Es ist weiterhin die Aufgabe des Anwenders die Qualität der vom Newton-Algorithmus berechneten Lösung zu überprüfen. In einfacher Weise kann dies beispielsweise durch den Betrag der 1. Ableitung am Lösungspunkt geschehen.
7. Falls die Zielfunktion f nicht 2-mal differenzierbar oder nicht konves sein sollte, kann der Newton-Algorithmus nicht angewendet werden.

Beispiel

Wir lösen die Optimierungsaufgabe:

$$f^* = f(x^*) = \min(e^{-x} + x^2),\tag{4.9}$$

mit dem Newton-Verfahren. Es handelt sich um ein univariates, reelwertiges Optimierungsproblem.

Lösung

Zuerst überprüfen wir die Voraussetzungen. Wir berechnen: $f' = -e^{-x} + 2x, f'' = e^{-x} + 2$. Somit ist f 2-mal differenzierbar und $f'' > 0$, somit sind die Voraussetzungen für die Anwendung des Newton-Verfahrens erfüllt.

Wir werden nun (4.8) verwenden um den kritischen Punkt x^* der Funktion $f(x) = e^{-x} + x^2$ iterativ zu approximieren. Die Newton'sche Rekursionsformel lautet: (4.5):

$$
\begin{aligned}
x_{i+1} &= x_i - \frac{-e^{-x_i} + 2x_i}{e^{-x_i} + 2.}, \\
x_{i+1} &= \frac{e^{-x_i} - 2x_i + x_i e^{-x_i} + 2x_i}{e^{-x_i} + 2.}, \\
x_{i+1} &= \frac{(1 + x_i)e^{-x_i}}{e^{-x_i} + 2.}, \\
x_{i+1} &= \frac{x_i + 1}{2e^{x_i} + 1},
\end{aligned}
\tag{4.10}
$$

Wir beginnen mit dem im grafischen Verfahren (Kap. 2) geschätzten Startwert $x_0 = 0.35$ und tragen die Ergebnisse der Newton'schen Rekursionsformel in die Tabelle ein. Nach 3 iterativen Schritten ergibt das Newton-Verfahren einen bis auf 15 Nachkommastellen konstanten Wert: $x^* = 0.351733711249196$ mit der Steigung $f' = 0$. Dies ist die numerische Schätzung des kritischen Punktes bis auf 16 numerischen Stellen (errechnet auf einem PC mit Matlab). Alle weiteren Iterations-Schritte ergeben keine weitere Verbesserung der Genauigkeit, da das Genauigkeits-Limit der verwendeten Rechentechnik 16 numerische Stellen beträgt.

Lassen Sie uns nun die Ergebnisse des Newton-Algorithmus mit (a) der auf Ihrer Intuition basierenden Handlungsvorschrift Def. 4.8 und (b) dem mittels Zufallszahlen operierenden Algorithmus Def. 4.9 vergleichen. Wir erkennen: Das Bestimmen eines kritischen Punktes einer univariaten, reelwertigen Funktion gehört nicht zu den Stärken des Menschen! Die Intuition des Menschen ist nicht dafür geschaffen. Dies kann ein mit dem Newton-Verfahren ausgestatteter Computer viel besser.

Tabelle 4.1 Approximative Berechnung des kritischen Punktes x^* der Funktion $f(x) = e^{-x} + x^2$ mit dem Newton-Verfahren.

i	x_i	f_i'	Schrittweite
0	0.35	-0.004688089718713	
1	0.351733319910911	-0.000001057970358	0.001733319910911
2	0.351733711249176	-0.000000000000054	3.913382647935393e-07
3	0.351733711249196	0	1.987299214079030e-14
4	0.351733711249196	0	0

Abbildung 4.5 Nicht nur beim Schach wurde der Mensch vom Thron gestoßen (Quelle: FAZ, 08.02.2003), auch beim Auffinden von kritischen Punkten ist die Intuition des Menschen einem intelligenten Algorithmus, wie dem Newton-Verfahren, gnadenlos unterlegen.

4.3.2 Die approximative Lösung des univariaten, nicht-konvexen Optimierungs-Problems mit dem Modifizierten Newton-Verfahren

Wir wollen nun das Newton-Verfahren auf Optimierungs-Probleme mit nicht-konvexen Zielfunktionen anwenden (4.11). Nicht-konvexe Zielfunktionen können unbeschränkt viele lokale Minima und Maxima besitzen. Das Newton-Verfahren (4.10) konvergiert dann auf eines der lokalen Maxima und Minima, abhängig vom Startwert x_0.

Es sei f eine zwei-mal stetig differenzierbare, rellwertige Funktion, die $\mathbb{R}$ auf $\mathbb{R}$ abbildet: $f : \mathbb{R} \to \mathbb{R}$. Ziel ist es das nicht-konvexe Optimierungs-Problem

$$f^* = f(x^*) = \min f(x). \tag{4.11}$$

zu lösen.

Zuerst modifizieren wir die Newton-Formel:

$$x(i+1) = x(i) - \frac{f'(i)}{|f''(i)|}. \tag{4.12}$$

Diese Rekursions-Formel konvergiert ausschließlich auf lokale Minima und nicht auf lokale Maxima von f.

Auf dieser Basis erhalten wir den *Modifizierten Newton-Algorithmus* mit dem Startwert x_0:

Definition 4.11 Modifizierter Newton-Algorithmus in einer Dimension

1. *Sei $i = 0$ und Startwert x_0 gegeben.*
2. *Sei $fs_i = f'(x_i)$ und $fss_i = f''(x_i)$.*
3. *Sei $x_{i+1} = x_i - \frac{fs_i}{|fss_i|}.$*
4. *$i = i + 1.$*
5. *Falls $i < I_{max}$, gehe zu 2.*
6. *Falls $i = I_{max}$, dann $x^* = x_i, f^* = (x^*)$ und Stopp.*

Abhängig vom Startwert x_0 konvergiert der Modifizierte Newton-Algorithmus (4.11) fast immer gegen eines der lokalen Minima der Zielfunktion f. Ist damit das nicht-konvexe Optimierungs-Problem (4.11) gelöst? Natürlich nicht, denn es könnte ja ein besseres lokales Minimum geben, das wir noch nicht kennen. Aber ist der Modifizierte Newton-Algorithmus (4.11) ungeeignet um das nicht-konvexe Optimierungs-Problem (4.11) zu lösen? Die Antwort müssen wir auf ein nachgelagertes Unterkapitel verlagern, nachdem wir die *Algorithmische Lösbarkeit* von Optimierungs-Problemen erörtert haben.

Bemerkungen:

1. Der Modifizierte Newton-Algorithmus (4.11) ist rekursiv. Er benötigt eine Abbruchbedingung.

2. Der Modifizierte Newton-Algorithmus (4.10) ist approximativ. Die Ausgabe x^* des Newton-Algorithmus stimmt nur bis zu einer gewissen Genauigkeit mit der exakten Lösung überein.

3. Für einen Startwert x_0 *nahe genug* an einem lokalen Minimum x_M, konvergiert der Modifizierte Newton-Algorithmus (4.11) fast immer gegen das lokale Minimum x_M des univariaten, nicht-konvexen Optimierungs-Problems (4.11).

4. Für einen Startwert x_0, der sich nicht *nahe genug* an einem irgendeinem einem lokalen Minimum x_M der Zielfunktion befindet, kann der Modifizierte Newton-Algorithmus ein *erratisches Verhalten* zeigen bis er in die Nähe eines lokalen Minimums gelangt und schließlich auf dieses konvergiert. In diesem Fall kann der Modifizierte Newton-Algorithmus recht ineffizient sein.

5. Speziell in der Nähe eines Wendepunktes von f, also $f'' \approx 0$, ergeben sich aufgrund des verschwindenden Nenners in der Newton-Formel (4.12) große Newton-Schritte.

6. Der Modifizierte Newton-Algorithmus konvergiert ausschließlich auf quadratische lokale Extremalwerte. Gegen die in der Praxis sehr selten vorkommenden lokalen Extremalwerte höherer Ordnung konvergiert der Newton-Algorithmus nicht.

7. Es ist die Aufgabe des Anwenders den Anfangswert x_0 und die Abbruchbedingungen geeignet zu wählen um eine gewünschte Genauigkeit für die Ausgabe des Modifizierten Newton-Algorithmus zu erreichen.

8. Es ist weiterhin die Aufgabe des Anwenders die Qualität der vom Modifizierten Newton-Algorithmus berechneten Lösung zu überprüfen. In einfacher Weise kann dies beispielsweise durch den Betrag der 1. Ableitung am Lösungspunkt geschehen.

9. Falls die Zielfunktion f nicht 2-mal differenzierbar sein sollte, kann der Modifizierte Newton-Algorithmus nicht angewendet werden.

4.4 Ein kleiner Ausflug vom Newton-Algorithmus zur Künstlichen Intelligenz

Das Newton-Verfahren lässt sich einfach in jeder Programmiersprache kodieren. Dazu muss es noch mit einer Abbruchbedingung versehen werden (sonst würde die Newton-Iteration auf ewig weiter rechnen). Ein einfaches Beispiel für so ein Programm ist *NewtonToPlayWith.m*, das Ihnen auf Moodle zum Download zur Verfügung steht. In dieser Version wird die Anzahl der Newton-Iterationen auf 10 festgelegt.

Matlab-Programm NewtonToPlayWith.m

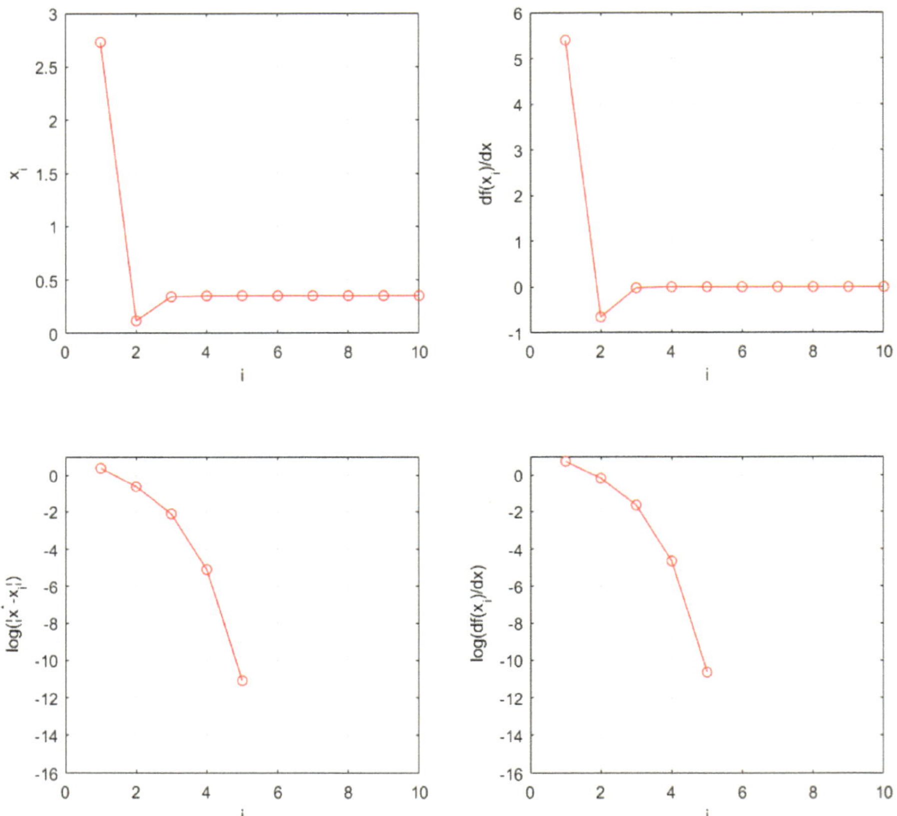

Abbildung 4.6 Grafische Veranschaulichung der Ergebnisse von NewtonToPlayWith.m um das Beispiel zu lösen. Links oben: Entwicklung von x_i gemäß Newton-Rekursionsformel unter Variation der Iterationen i. Links unten: Logarithmischer Abstand von x^* unter Variation der Iterationen i. Rechts oben: Entwicklung der ersten Ableitung von f an den Stellen x_i unter Variation der Iterationen i. Rechts unten: Logarithmus des Betrages der ersten Ableitung unter Variation der Iterationen i.

```
2   % Newton to play with
3   x_hist =[];                          % Liste mit x_i
4   fs_hist=[];                          % Liste mit f_i
5   xi=2.73;                             % Startwert
6   for ii=1:10,                         % Schleife für Iteration
7       x_hist =[x_hist xi];
8       fs_hist=[fs_hist -exp(-xi)+2*xi];
9       xipe=(1+xi)/(1+2*exp(xi));
10      xi=xipe;
11  end
12  %Ausgabe an Bildschirm
13  display(['Kritischer Punkt: ' num2str(xipe,12)]);
14  display(['Wert der Ableitung: ' num2str(-exp(-xi)+2*xi,12)]);
```

In Abb. 4.6 sind die numerischen Ergebnisse von NewtonToPlayWith.m grafisch dargestellt. Wir erkennen: Die Newton-Iterationen x_i nähern sich rasend schnell dem kritischen Punkt. Nach 5 Newton-Iterationen taucht der Unterschied zu dem korrekten Wert x^* erst in der 12. Nachkommastelle auf. Ab der 6. Iteration ist der Unterschied kleiner als 10^{-16} und deshalb bei der von Matlab verwendeten Rechengenauigkeit von 16 numerischen Stellen in der Rechnung nicht mehr aufzulösen.

Ist dies nicht erstaunlich und interessant? Wir als Menschen benötigten vermutlich hunderte von Schätzungen (Versuch-und-Irrtum), um den kritischen Punkt bis auf 16 Nachkommastellen zu finden. Und der Computer kann dies in NUR 5 Versuchen! Wie kann dies sein? Ist der Computer etwa intelligent?

Die Antwort auf diese interessanten Fragen liegen zu einem gewissen Teil im Kern dessen, was häufig als Künstliche Intelligenz bezeichnet wird. Allein die Begriffswahl Künstliche Intelligenz offenbart einen gewissen Überschwang bzw. eine Vermenschlichung von maschinellen Operationen. Betrachten wir es etwas genauer im konkreten vorliegenden Fall: Um den kritischen Punkt des Beispiels 4.9 auszurechnen haben wir die Newton-Formel 4.10 hergeleitet. Diese bedeutet nichts anderes als: Ausgehend von einem gewissen Punkt x_i und unter Kenntnis von f' und f'' kann man eine sehr gute, geradezu exzellente, These darüber aufstellen, wo sich ungefähr der kritische Punkt befindet könnte. Die Brillanz dieser These, ausgedrückt durch 4.10, führt dazu, dass wir dieses Vorgehen lediglich fünfmal wiederholen müssen um den kritischen Punkt bis auf 16 Nachkommastellen genau zu finden. Der Mensch indessen, ausgestattet mit einer gewissen Intuition und der Methode des Versuch-und-Irrtum, verfügt nicht über so ein brillante These wie 4.10 (ausser natürlich er rechnet diese aus). In der Folge schneidet der Mensch viel schlechter ab als der mit 4.10 ausgestattete Computer wenn es darum geht mit möglichst wenigen Versuchen die Lösung von 4.9 zu berechnen.

Daran schließen sich interessante Fragen über das Wesen der menschlichen Intelligenz und der sogenannten Künstlichen Intelligenz an, die noch nicht in vollem Umfang beantwortet sind:

1. Ist der Computer, der so beeindruckend leistungsfähig ist, wenn es darum geht 4.9 zu lösen, intelligent?
2. Können wir diese Leistung Künstliche Intelligenz nennen?
3. Falls wir dies Künstliche Intelligenz nennen, in der Tat viele Menschen tun dies, wo genau ist diese Intelligenz zu lokalisieren?

Das Beispiel erscheint einfach, aber zahlreiche praxis-relevante Anwendungen der Künstlichen Intelligenz funktionieren genau so: Eine Fragestellung aus der Praxis wird mittels Modellbildung auf ein Optimierungsproblem abgebildet. Dieses Optimierungsproblem wird dann in der Folge von einem Optimierungs-Algorithmus (ähnlich unserem NewtonToPlayWith.m, aber viel komplizierter) gelöst.

4.5 Qualitätskriterien und Abbruchbedingungen

Die am meisten verwendeten Abbruchbedingungen sind:

1. **Schrittweite**
   Beende die Newton-Iteration wenn die Schrittweite eine zuvor festgelegte Toleranz ϵ_S unterschreitet: $|x_{i+1} - x_i| < \epsilon_S$.
2. **Betrag der 1. Ableitung**
   Beende die Newton-Iteration wenn der Betrag der 1. Ableitung eine zuvor festgelegte Toleranz ϵ_g unterschreitet: $|f'(x_i)| < \epsilon_g$.
3. **Maximale Anzahl von Iterationsschritten**
   Beende die Newton-Iteration wenn die Anzahl der durchgeführten Newton-Iterationen eine zuvor festgelegte Zahl überschreitet: $i > i_{max}$. Dieses Abbruchkriterium wurde bei dem Programm NewtonToPlayWith.m im vorherigen Kapitel verwendet.

Das Newton-Verfahren in der Form (4.5) ist die Mutter einer immens großen Familie von Optimierungs-Algorithmen. Diese sind weiterhin Gegenstand der aktuellen Forschung in der Angewandten Mathematik.

In der Praxis verfügen wir fast immer über mehrere Optimierungs-Algorithmen, die dieselbe Klasse von Optimierungsproblemen lösen. Von daher entsteht der Wunsch die Qualität verschiedener Optimierungs-Algorithmen vergleichen zu können. Wir haben dies bereits getan, indem wir die Qualität verschiedener Optimierungs-Algorithmen zur Lösung univariater, reellwertiger, unrestringierter Optimierungsproblemen verglichen haben. Dabei sind wir, ungefähr, auf folgende Aussagen gekommen:

1. Der stochastische Algorithmus 4.9 braucht sehr viele Versuche, also Rechen-Operationen, um eine gute Lösung zu finden. Allerdings stellt er sehr wenige Bedingungen an die Funktion f. Diese Universalität ist ein grosser Vorteil dieses Verfahrens.
2. Der Algorithmus 4.4 ist unheimlich effizient und schnell (benötigt wenig Rechen-Operationen und damit wenig Zeit), löst aber nur quadratische Probleme.
3. Der Newton-Algorithmus 4.10 ist ebenfalls sehr effizient (benötigt wenig Rechen-Operationen und damit wenig Zeit), allerdings mit den Nachteilen und Einschränkungen: (a) f muss 2-mal stetig differenzierbar sein, (b) falls f lokale Minima besitzt konvergiert der Newton-Algorithmus, abhängig vom Startwert, auf ein lokales Minimum, das eventuell nicht der Lösung entspricht, (c) Die Werte der 1. und 2. Ableitung der Zielfunktion müssen numerisch zugänglich sein.

Wir sehen der Vergleich ist nicht so einfach, da oft Vorteile auf der einen Seite gewissen Nachteilen auf der anderen Seite gegenüber stehen. Die wesentlichen Qualitätsmasse zur Beurteilung und dem Vergleich von Optimierungs-Algorithmen sind:

1. Anzahl der Rechen-Operationen bis eine geforderte Genauigkeit der Lösung erreicht ist
2. Konvergenzrate
3. Konvergenzradius (falls ein Anfangswert benötigt wird)
4. Stabilität

Zur weiteren Vertiefung verweisen wir auf die Fachliteratur.

4.6 Algorithmische Lösbarkeit

In der Praxis stoßen wir auf Optimierungs-Probleme mit bis zu vielen tausenden reellwertigen oder diskreten Design-Variablen, mit nichtlinearen oder linearen Zielfunktionen und mit bis zu vielen tausenden Nebenbedingungen. Diese tauchen bei der Lösung zahlreicher technischen Fragestellungen auf (s. Abb. 4.7). Wie steht es mit unseren Fähigkeiten heute diese Probleme mit Hilfe von Optimierungsalgorithmen zu lösen?

1. In einigen Fallen können diese Optimierungs-Probleme mit Hilfe von modernen Algorithmen, ausgeführt durch digitale Rechenmaschinen, exakt gelöst werden. Dies ist z. B. der Fall wenn es gilt, (a) auf der Basis gewisser Annahmen und unter Zuhilfenahme historischer Daten, ein optimales Aktien-Portfolio zusammenstellen, oder (b) den kostengünstigstes Speiseplan für Nutztiere unter Berücksichtigung gewisser Mindestanforderungen zu berechnen. Leicht lässt sich diese Liste ergänzen und wir verweisen deshalb auf die Literatur.

2. In anderen Fällen erlauben Computer und die darauf ausgeführten Optimierungs-Algorithmen nicht die Berechnung der exakten Lösung in einer angemessenen Zeit. In der Praxis allerdings können verlässlich Lösungen, die *gut genug* sind schnell genug berechnet werden. Dies ist z.B. der Fall bei der Routen-Planungs- und Navigations-Systemen.

3. In wieder anderen Fällen übersteigt die Komplexität der Optimierungs-Probleme die Leistungsfähigkeit der heute bekannten Technologie und sind weder Verfahren bekannt, die die exakte Lösung, noch Verfahren, die verlässlich eine gute Lösung, berechnen können, bekannt. Bei komplexen Produktionsplanungs-Systemen ist dies der Fall.

Wir werden sehen, dass Computer sehr viel geeigneter sind um Optimierungs-Probleme zu lösen, als dies die menschliche Intuition vermag. Während der Mensch sich sehr schwer tut in Räumen mit mehr als 3 Dimensionen zu navigieren und sich zu orientieren, ist dies für Computer, die intelligente Algorithmen ausführen, ein Kinderspiel.

Wir verfügen nun über Werkzeuge und Konzepte um uns mit der Algorithmischen Lösbarkeit von Optimierungsproblemen zu beschäftigen.

> **Definition 4.12** Algorithmische Lösbarkeit
> *Ein Optimierungsproblem heißt algorithmisch lösbar, falls ein Optimierungsalgorithmus, der das Optimierungsproblem sicher und exakt löst, existiert. Andernfalls nennen wir das Optimierungsproblem algorithmisch unlösbar.*

Wir kennen bereits die Klasse der univariaten quadratischen Optimierungsprobleme (4.1) mit positivem führenden Koeffizienten. Alle Optimierungs-Probleme aus dieser Klasse werden durch den Algorithmus (4.5) gelöst. Deshalb ist die Klasse der univariaten quadratischen Optimierungsprobleme *algorithmisch lösbar*. Dieses Resultat lässt sich auf die Klasse der Optimierungsprobleme mit Zielfunktionen, die überall konvex sind ($f'' > 0$), verallgemeinern.

Ein weitere wichtige Klasse von univariaten Optimierungsproblemen sind jene mit geraden Polynomen $P_{2n}(x)$ der Ordnung $2n, n \in \mathbb{N}$, als Zielfunktionen:

$$f^* = f(x^*) = \min P_{2n}(x). \tag{4.13}$$

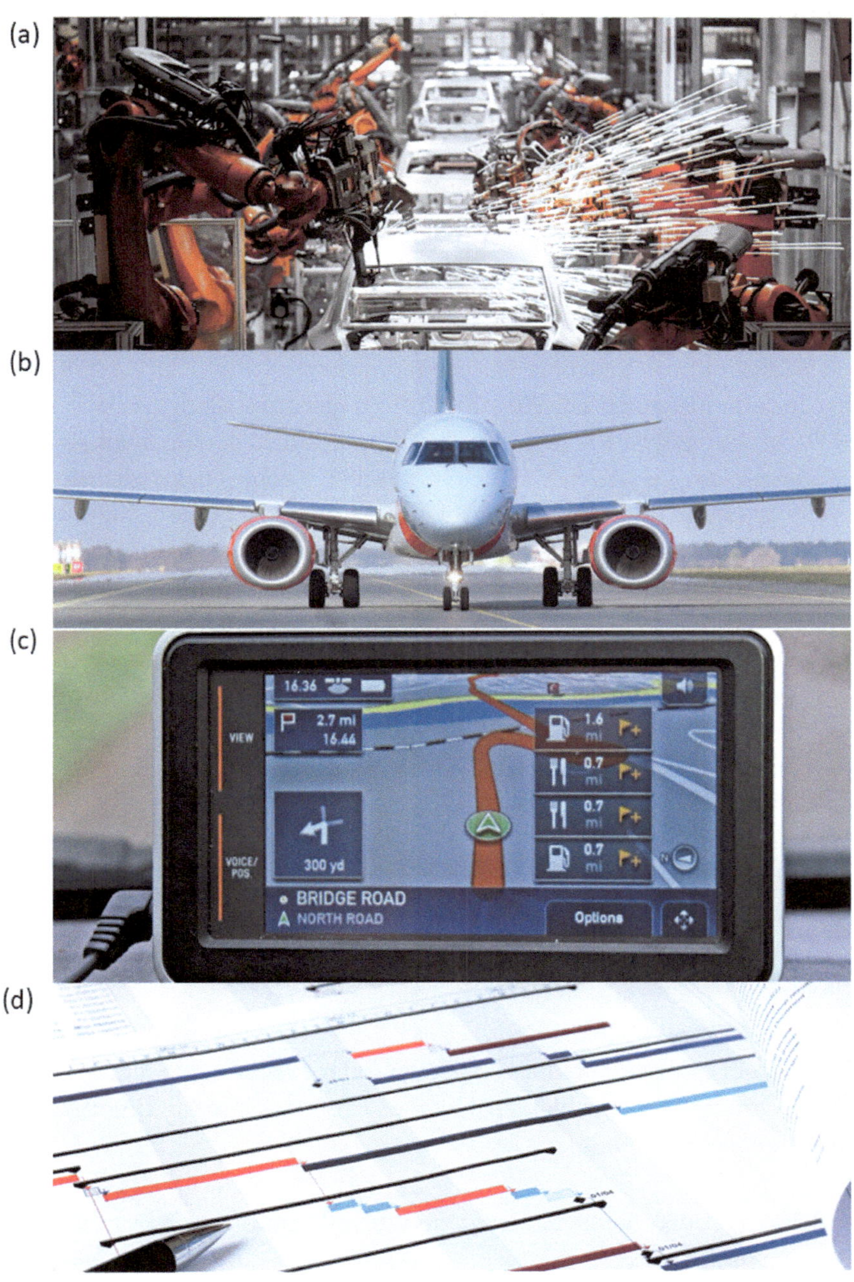

Abbildung 4.7 Sehr vielen technischen, praxis-relevanten Herausforderungen liegen Optimierungs-Probleme und deren Lösung zu Grunde: (a) Die Optimierung einer hoch-automatisierten Fertigung [9], (b) das optimale aerodynamische Design eines Flugzeugs [27], (c) die Routenplanung [16] oder (d) die Optimierung der Fertigungsplanung [30].

Warum ist dies so? Wir verzichten auf einen formalen Beweis und skizzieren im Folgenden die Argumentationslinie des Beweises: Die 1. Ableitung der Zielfunktion ist in jedem Fall ein Polynom (2n-1)-ter Ordnung und besitzt nach dem Gauss'schen Satz genau 2n-1 Nullstellen in der komplexen Ebene. Diese können im Prinzip der Reihe nach gesucht werden. Sobald man den letzten kritischen Punkt gefunden hat, klassifiziert man die kritischen Punkte nach lokalen Maxima oder Minima. Das lokale Minimum mit dem kleinsten Funktionswert ist schliesslich die Lösung von (4.13).

Das allgemeine univariate Optimierungsproblem

$$f^* = f(x^*) = \min f(x). \tag{4.14}$$

indessen ist algorithmisch nicht lösbar. Erstaunlicherweise ist kein Algorithmus bekannt, der alle Instanzen der Klasse (4.14) zu lösen imstande ist. Warum ist dies so? Das Argument ist wie folgt: Wir können sicherlich beginnen lokale Minima mit irgendeinem Verfahren, z.B. dem grafischen Verfahren, zu identifizieren und jeweils das beste der gefundenen lokalen Minima als Lösungskandidat zu betrachten. Aber - wir können zu keinem Zeitpunkt sicher sein, dass wir ALLE lokalen Minima gefunden haben. Folglich können wir nicht ausschliessen, dass es ein lokales Minimum mit niedrigerem Funktionswert als der Lösungskandidat gibt. Deshalb können wir die Suche nicht stoppen. Die Optimierungsprobleme der Klasse (4.14) sind im Allgemeinen nicht lösbar, weil aus prinzipiellen Gründen keine Stopp-Bedingung für die Suche existiert.

Wir kennen bereits einige Mengen von algorithmisch unlösbaren Optimierungsproblemen, z.B.:

1. NLP-Probleme
2. unrestringierte N-dimensionale, reellwertige Optimierungs-Probleme
3. Integer-Optimierungsprobleme mit unendlich vielen Elementen in der Feasible Region.

Allerdings gibt es innerhalb dieser Mengen (oder Klassen) von algorithmisch unlösbaren Optimierungsproblemen kleinere Unterklasse oder Untermengen, die algorithmisch lösbar sind.

1. Die Klasse der univariaten, unrestringierten, rellwertigen, quadratischen Optimierungsprobleme (4.1).
2. LP-Probleme
3. Die Klasse der NLP mit quadratischer Zielfunktion und positiv-definiter Hesse-Matrix, und ausschließlich linearen Nebenbedingungen (sogenannte Quadratic Programming Probleme oder QP).
4. Die Klasse der Kombinatorischen Optimierungsprobleme.

Oft werden die Kombinatorischen Optimierungsprobleme als unlösbar bezeichnet. Dies ist aber sprachlich etwas ungenau. Kombinatorische Optimierungsprobleme sind immer durch eine Enumeration zu lösen, da die Feasible Region endlich viele Elemente besitzt.

Allerdings - und dies meinen die Autoren - benötigt die Lösung von Kombinatorischen Optimierungsproblemen in der Praxis sehr, sehr viel (aber nicht unendlich viel) Zeit und sehr, sehr viel (aber nicht unendlich viel) Speicher.

Für weitere intellektuelle Ausflüge in die Welt der Algorithmischen Lösbarkeit empfehle ich das ausgezeichnete Buch von Roger Penrose [21].

4.7 Übungen

4.7.1

Es sei folgendes Optimierungsproblem, mit den 3 reelwertigen Parametern ($a \neq 0, b, c$), gegeben:

$$
\begin{aligned}
f^* \;&=\; \min \; [ax^2 + bx + c], \qquad x \in \mathbb{R}, \\
0 \;&\leq\; x \leq 21.
\end{aligned}
\tag{4.15}
$$

1. Klassifizieren Sie das Optimierungsproblem.
2. Schreiben Sie in Pseudo-Code einen Optimierungs-Algorithmus, der das Optimierungsproblem für alle ($a \neq 0, b, c$) löst.

4.7.2

Es sei folgendes Optimierungsproblem gegeben für $x \in \mathbb{R}$:

$$
\begin{aligned}
f^* \;&=\; \min \; [sin(4.17x - 7.32) + 0.079x^2 - 1.14x], \\
-10 \;&\leq\; x \leq 22.
\end{aligned}
$$

1. Klassifizieren Sie das Optimierungsproblem.
2. Zeichnen Sie die Zielfunktion innerhalb der Feasible Region mit Matlab. Bestimmen Sie die Lösung graphisch bis auf eine Stelle nach dem Komma. Wie viele lokale Minima besitzt die Funktion innerhalb der Feasible Region?
3. Schreiben Sie einen Pseudo-Code für einen stochastischen Algorithmus, der das Optimierungsproblem lösen kann. Tipp: Verwenden Sie den Algorithmus Def. ?? als Ausgangspunkt für Ihre Lösung.

4. Programmieren Sie in Matlab ein Skript, auf der Basis des Pseudo-Codes, zur Lösung des Optimierungsproblems.

5. Variieren Sie die Anzahl der stochastischen Versuche. Wie viele Versuche benötigt ihr Algorithmus ungefähr um bis auf 1% (gemessen in x) an die korrekte Lösung heranzukommen.

6. Entwickeln Sie eine *kreative Idee* wie die Anzahl der Versuche verringert werden könnte. Überprüfen Sie Ihre Idee in Matlab.

4.7.3

Es sei folgendes Optimierungsproblem gegeben:

$$\min \quad [x^2 + sin(x)], \qquad x \in \mathbb{R},$$

1. Klassifizieren Sie das Optimierungsproblem.
2. Leiten Sie die Newton'sche Rekursionsformel her.
3. Es sei $x_0 = 0$. Berechnen Sie von Hand mit Hilfe der Newton'schen Rekursionsformel einen Schritt x_1.
4. Falls durch wiederholte Anwendung der Newton'schen Rekursionsformel die Rekursion auf einen Wert x^* konvergiert, können Sie garantieren, dass x^* die Lösung der Optimierungsaufgabe ist? Begründen Sie ihre Antwort.

4.7.4

Es sei folgendes Optimierungs-Problem gegeben:

$$\min \quad [x^4 - 10x^3 - 20x^2 + 40x - 1], \qquad x \in \mathbb{R},$$

1. Zeichnen Sie die Zielfunktion mit Matlab in einem geeigneten Bereich und bestimmen Sie die kritischen Punkte graphisch bis auf eine Stelle nach dem Komma. Wieviele lokale Minima besitzt die Zielfunktion?
2. Leiten Sie die Modifizierte Newton'sche Rekursionsformel für die vorliegende Zielfunktion her.
3. Verwenden Sie den Modifizierten Newton-Algorithmus um alle lokalen Minima bis auf 12 Stellen nach dem Komma approximativ zu berechnen. Wählen Sie geeignete Startwerte. Verwenden Sie Matlab und das Skript *NewtonToPlayWith.m* und passen dies jeweils an.
4. Was ist die Lösung der Optimierungsaufgabe?

4.7.5

Es sei das Optimierungs-Problem gegeben:

$$\min \quad [\sin(2x - 0.5) \cdot \cos(\pi x - 1)], \qquad x \in \mathbb{R}$$

1. Zeichnen Sie die Zielfunktion mit Matlab im Bereich $1 \leq x \leq 5$. Bestimmen Sie die lokalen Minima in diesem Bereich graphisch bis auf eine Stelle nach dem Komma.
2. Wählen Sie jeweils einen Startwert in der Nähe eines lokalen Minimums und berechnen Sie mit den Ergebnissen aus der vorherigen Aufgabe die lokalen Minima approximativ mit einer Genauigkeit von 12 Stellen nach dem Komma.
3. Was ist die Lösung der Optimierungsaufgabe?

Kapitel 5
Das Simplex-Verfahren zur Lösung von LP-Problemen

In diesem Kapitel beschäftigen wir uns mit dem Simplex-Verfahren und dessen Anwendung zur Lösung von multivariaten LP-Problemen.

Lernziele

1. Sie kennen die wichtigsten Eigenschaften von multi-variaten LP und können diese erkennen und klassifizieren.
2. Sie können ein den Simplex-Algorithmus, wenn Ihnen dieser als Subroutine oder Funktion in einer Software zur Verfügung steht, verwenden um LP-Probleme zu lösen.
3. Sie können die Ausgabe eines Simplex-Algorithmus korrekt interpretieren und auf dieser Grundlage die richtigen Schlüsse in der Praxis ziehen.
4. Sie kennen die Bedeutung der Lagrange-Parameter und können diese als Ergebnis einer Lösung interpretieren.

5.1 Definition

© Springer Fachmedien Wiesbaden GmbH, ein Teil von Springer Nature 2019
M. Bünner, *Optimierung für Wirtschaftsingenieure*, Schriften zum
Wirtschaftsingenieurwesen, https://doi.org/10.1007/978-3-658-26610-3_5

Definition 5.1 Multivariate Linear Programming, Multivariates Lineares Optimierungsproblem

Es seien $x = \begin{pmatrix} x_1 \\ ... \\ x_N \end{pmatrix} \in \mathbb{R}^N$ *die N reelwertigen Design-Variablen. Ein N-dimensionales Lineares Programm (Linear Programming, LP) ist gegeben durch:*

$$f^* = f(x^*) \;=\; \min \; [c_1 x_1 + ... + c_N x_N], \qquad (5.1)$$
$$a_{11} x_1 + a_{12} x_2 + ... + a_{1N} x_N \;\leq\; b_1,$$
$$... \;\leq\; b_m,$$
$$a_{M1} x_1 + a_{M2} x_2 + ... + a_{MN} x_N \;\leq\; b_M.$$

In kompakter Matrixschreibweise ist das Lineare Programm:

$$f^* = f(x^*) \;=\; \min \; c \cdot x, \qquad (5.2)$$
$$Ax \;\leq\; b.$$

mit dem Koeffizientenvektor $c = \begin{pmatrix} c_1 \\ ... \\ c_N \end{pmatrix}$ *und der Koeffizientenmatrix* $A = \begin{pmatrix} a_{11} & a_{12} & ... & a_{1N} \\ ... & ... & ... & ... \\ a_{M1} & a_{M2} & ... & a_{MN} \end{pmatrix}$ *und dem Konstantenvektor* $b = \begin{pmatrix} b_1 \\ ... \\ b_M \end{pmatrix}$. *Dabei nennen wir x Design-Variablen oder den Vektor der Design-Variablen. Es ist* x^* *die Lösung des Optimierungsproblems und* f^* *bezeichnet den optimalen Wert der Zielfunktion. Die Menge* $\mathbb{F} \subset \mathbb{R}^N$ *der Elemente x, für die alle Nebenbedingungen erfüllt sind heißt Erlaubter Bereich oder Feasible Region. Die Nebenbedingungen i für die gilt:* $a_{i1} x_1^* + a_{i2} x_2^* + ... + a_{iN} x_N^* = b_i$ *heißen aktiv. Die anderen Nebenbedingungen heißen in-aktiv.*

Bemerkungen:

1. Die Definition ist eine Erweiterung der Definition aus Kap. 3 für bivariate LPs.
2. Mittels der Transformation $f \to -f$, kann ein Minimierungsproblem in ein Maximierungsproblem transformiert werden und umgekehrt.
3. Ein N-dimensionales LP besteht aus N reellwertigen Design-Variablen, einer linearen Zielfunktion und M linearen Ungleichheits-Nebenbedingungen.

4. Eventuell vorhandene lineare Gleichheitsbedingungen können immer durch zwei lineare Ungleichheitsbedingungen ausgedrückt werden. Somit kann ein LP mit linearen Gleichheitsbedingungen immer in die Form (5.2) gebracht werden.
5. Ein LP kann (a) keine Lösung, (b) genau eine Lösung oder (c) unendlich viele Lösungen besitzen.

Wir können nun einige Ergebnisse für bivariate LPs auf N-dimensionale LPs verallgemeinern:

1. Die Feasible Region eines N-dimensionalen LP wird fast immer begrenzt durch:

  - (N-1)-dimensionale Hyperebenen,
  - (N-2)-dimensionale Kanten,
  - (N-3)-dimensionale Kanten,
  - ...
  - Null-dimensionale Ecken.

Ein solches N-dimensionales Volumen nennt man *Simplex*.
2. Die Feasible Region kann *nicht beschränkt* sein. In diesem Fall ist es nicht möglich eine N-dimensionale Kugel mit endlichem Radius zu finden, in dem die Feasible Region enthalten ist (s. auch Abb. 3.4).
3. Die Feasible Region kann *beschränkt* sein. In diesem Fall ist es möglich eine N-dimensionale Kugel mit endlichem Radius zu finden, in dem die Feasible Region enthalten ist (s. auch Abb. 3.4).
4. Die Feasible Region eines LPs kann leer sein. Dann besitzt das LP keine Lösung (s. auch Abb. 3.4).
5. Falls die Feasible Region $\mathbb{F}$ unbeschränkt ist, können (müssen aber nicht) $x \in \mathbb{F}$ mit beliebig kleinem Funktionswert existieren. Das LP heisst in diesem Fall *unbeschränkt*. Dann besitzt das LP keine Lösung.
6. Die Lösung x^* eines LP liegt fast immer auf einer (N-dimensionalen) Ecke der (N-dimensionalen) Feasible Region. Die Nebenbedingungen, die diese Ecke bilden heißen aktiv. Die anderen Nebenbedingungen heißen in-aktiv.
7. Die Lösung x^* eines LP ist fast immer eindeutig (keine koexistierenden lokalen Minima).

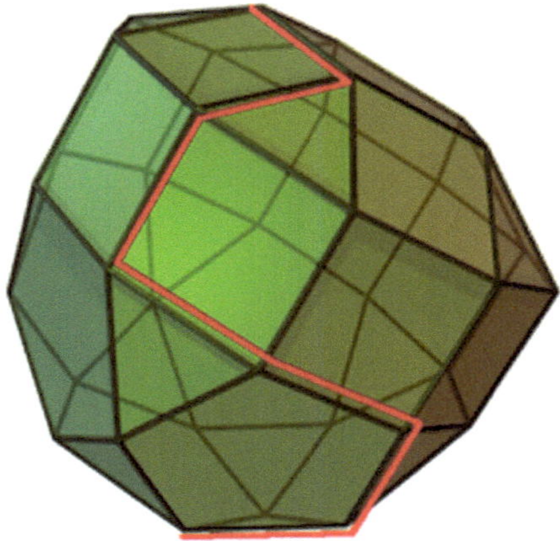

Abbildung 5.1 Das Simplex-Verfahren *läuft* von einer Ecke der Feasible Region (grün) entlang einer Kante (dunkelgrün) zur nächsten Ecke (rote Linie) mit einem geringeren Zielfunktionswert, so lange bis keine Verbesserung mehr zu erreichen ist.

5.2 Das Simplex-Verfahren

Das Simplex-Verfahren ist ein Optimierungs-Algorithmus, das die Lösung x^* eines multi-variaten LP berechnet oder die Unlösbarkeit des LP feststellt.

Die Idee des Simplex-Verfahrens leitet sich direkt aus den Eigenschaften der (a) Feasible Region und (b) der Lösung des LP ab. In stark vereinfachter Weise beruht das Simplex-Verfahren auf folgender Idee:

Definition 5.2 Simplex-Algorithmus

1. *Suche irgendeine Ecke der Feasible Region.*
2. *Untersuche alle Kanten, die in dieser Ecke münden. Falls sich die Zielfunktion entlang aller dieser Kanten verschlechtert, dann Stopp und die Ecke ist Lösung.*
3. *Wähle eine Kante entlang der sich die Zielfunktion verbessert (kleiner wird). Gehe entlang dieser Kante zur nächsten Ecke. Gehe zu 2.*

Das Simplex-Verfahren wird seit über 50 Jahren in Industrie und Wissenschaft erfolgreich eingesetzt. Es stehen Ihnen zahlreiche Online- oder Offline-Tools zur Verfügung, denen Sie LP's zur Lösung übergeben können. Daneben gibt es zahlreiche Möglichkeiten Source-Code in den gängigen Programmier-Sprachen (Fortran, C, C++ u.a.) in ihre Programme einzubinden. Hier eine kleine Auswahl:

1. Online-Tool www.phpsimplex.com (kostenlos).
2. Offline-Tool LINO der TU Darmstadt (kostenloser download unter www.or.wi.tu-darmstadt.de).
3. Wolfram-Alpha (www.wolframalpha.com), dieses ist kostenlos für LP mit wenigen Design-Variablen und kostenpflichtig für LP mit zahlreichen Design-Variablen.
4. kostenfrei in *octave* und *Scilab*.
5. lizenzpflichtig in *Matlab*.
6. Falls Sie daran denken Source-Code eines Simplex-Algorithmus zu verwenden empfehle ich die hervorragenden Codes in [22].

Unabhängig davon in welcher Form Sie den Simplex-Algorithmus anwenden, ist es immer der erste Schritt das zu lösende LP in eine Standard-Form zu bringen. Was genau für das von Ihnen verwendete Werkzeug die Standard-Form darstellt entnehmen Sie bitte dem jeweiligen Handbuch (RTFM $\rightarrow$ Read-The-Fucking-Manual).

In diesem Buch verwenden wir den in Matlab enthaltenen Simplex-Algorithmus. Dieser ist ein Teil der Funktion *linprog*. Die Schnittstelle zu linprog unterscheidet mehrere verschiedene Typen von linearen Nebenbedingungen:

1. allgemeine Ungleichheits-Nebenbedingungen in der Matrix-Form,
2. Obere und untere Grenzen der Design-Variablen, sogenannte *Box-Constraints* und
3. allgemeine Gleichheits-Nebenbedingungen.

Bitte beachten Sie, dass *linprog* NICHT der Name eines Optimierungs-Algorithmus ist. Stattdessen handelt es sich um den Namen einer Funktion des Mathematik-Werkzeuges Matlab (u.a. Scilab und Octave). Die Matlab-Funktion *linprog* beinhaltet mehrere verschiedene Optimierungs-Algorithmen zur Lösung von LP. Diese können mit Hilfe der Funktion *optimoptions* zur Lösung eines konkreten LP jeweils gewählt werden.

Beispiel
Es sei folgendes LP gegeben für $(x, y) \in \mathbb{R}^2$:

$$\begin{aligned} f^* &= \min(x - y), & (5.3) \\ x &\geq 2, & (5.4) \\ y &\geq 2, & (5.5) \\ y &\leq 10 - x, & (5.6) \end{aligned}$$

Mit dem grafischen Verfahren haben wir bereits in Kap. 3 die Lösung zu $x^* = 2; y^* = 8; f^* = -6$ bestimmt. Wir schreiben nun die Optimierungsaufgabe in Normalform:

$$f^* = \min \begin{pmatrix} 1 \\ -1 \end{pmatrix} \cdot \begin{pmatrix} x \\ y \end{pmatrix}, \tag{5.7}$$

$$\begin{pmatrix} -1 & 0 \\ 0 & -1 \\ 1 & 1 \end{pmatrix} \cdot \begin{pmatrix} x \\ y \end{pmatrix} \leq \begin{pmatrix} -2 \\ -2 \\ 10 \end{pmatrix}. \tag{5.8}$$

In der Normalform lassen sich die Matrix A und die Vektoren c, b gut ablesen. Wir übergeben diese nun an den Simplex-Algorithmus als *Allgemeine Ungleichheits-Nebenbedingungen*. Box-Constraints und Gleichheits-Nebenbedingungen übergeben wir nicht. In Matlab ist der Simplex-Algorithmus ein Teil der Funktion linprog.

```
A=[-1 0;0 -1; 1 1];b=[-2;-2;10];f=[1;-1];
options=optimoptions('linprog','Algorithm','simplex','Display','iter');
[xs,fs,exitflag,output,lambda] = linprog(f,A,b,[],[],[],[],[],options);
```

Dieses Skript berechnet die korrekte Lösung $x^* = 2; y^* = 8; f^* = -6$.

Nun verfügen wir endlich über die nötigen Werkzeuge um multivariate LP mit mehr als 2 Design-Variablen zu lösen.

Beispiel
Es sei folgendes LP gegeben für $(x_1, x_2, x_3, x_4) \in \mathbb{R}^4$:

$$\min \quad (2.1x_1 - x_2 - 1.2x_3 + 0.7x_4), \tag{5.9}$$

$$0 \leq x_1 \leq 2.2, \tag{5.10}$$

$$0 \leq x_2 \leq 1.7, \tag{5.11}$$

$$-1 \leq x_3 \leq 8.3, \tag{5.12}$$

$$0 \leq x_4 \leq 4.45, \tag{5.13}$$

$$0.1x_1 - x_2 + 2.2x_3 + 4x_4 \leq 10. \tag{5.14}$$

Diese Aufgabe können wir nicht mit dem grafischen Verfahren lösen. Wir schreiben nun die Optimierungsaufgabe in Normalform:

$$f^* \;=\; \min \begin{pmatrix} 2.1 \\ -1 \\ -1.2 \\ 0.7 \end{pmatrix} \cdot \begin{pmatrix} x_1 \\ x_2 \\ x_3 \\ x_4 \end{pmatrix}, \tag{5.15}$$

$$\begin{pmatrix} 0 \\ 0 \\ -1 \\ 0 \end{pmatrix} \;\leq\; \begin{pmatrix} x_1 \\ x_2 \\ x_3 \\ x_4 \end{pmatrix} \;\leq\; \begin{pmatrix} 2.2 \\ 1.7 \\ 8.3 \\ 4.45 \end{pmatrix} \tag{5.16}$$

$$\begin{pmatrix} 0.1 & -1 & 2.2 & 4 \end{pmatrix} \cdot \begin{pmatrix} x_1 \\ x_2 \\ x_3 \\ x_4 \end{pmatrix} \;\leq\; 10 \tag{5.17}$$

In der Normalform lassen sich die Matrix A und die Vektoren c, b gut ablesen. Wir übergeben diese nun an den Simplex-Algorithmus als genau eine *Allgemeine Ungleichheits-Nebenbedingung* und *Box-Constraints* für alle vier Design-Variablen. *Gleichheits-Nebenbedingungen* übergeben wir nicht. In Matlab ist der Simplex-Algorithmus ein Teil der Funktion linprog.

```
lb=[0;0;-1;0];ub=[2.2; 1.7;  8.3; 4.45];f=[2.1;-1;-1.2;0.7];
A=[0.1  -1  2.2  4];b=10;
options=optimoptions('linprog','Algorithm','simplex','Display','iter');
[xs,fs,exitflag,output,lambda] = linprog(f,A,b,[],[],lb,ub,[],options);
```

Dieses Skript berechnet die korrekte Lösung $x^* = \begin{pmatrix} 0 \\ 1.7 \\ 5.318 \\ 0 \end{pmatrix}$ mit $f^* = -8.0818$.

5.3 Fallstudie Diet Problems

Wir beschäftigen uns im Folgenden mit einer historisch wichtigen Klasse von LP-Problemen, den *Diet Problems*. Diese stellen klassische Aufgaben des Operation Research dar. Zum ersten Mal wurden solche Aufgaben während dem 2. Weltkrieg betrachtet - aber lediglich approximativ gelöst, da das Simplex-Verfahren zu diesem Zeitpunkt nicht bekannt war. Erste wissenschaftliche Veröffentlichungen gab es nach 1945. Die Grundlage Ihrer Arbeit mit Diet Problems sind die wissenschaftlichen Veröffentlichungen [28], [8] und [12].

Die Fallstudie gliedert sich in 2 Teile: In Teil I lernen wir die Klasse der *Diet Problems* als eine sowohl praktische, als auch historisch relevante, Klasse von LPs kennen. In Teil II lösen wir ein konkretes, praxisnahes Diet Problem.

Teil I: Historische Betrachtung zu Diet Problems

1. Lesen Sie den Artikel von George J. Stigler [28] überblicksartig. Denken Sie daran: Wissenschaftliche Veröffentlichungen besitzen eine sehr hohe Informationsdichte. Anders als bei Lehrbüchern ist es nicht das Ziel einer wissenschaftlichen Veröffentlichung, dem Leser etwas beizubringen. Das Ziel ist es die Fachkollegen kompakt über Fortschritte im Forschungsfeld zu informieren. Der Artikel [28] ist die berühmte Erstveröffentlichung eines Diet Problems. Beachten Sie, dass dem späteren Nobelpreisträger George J. Stigler, zum Zeitpunkt der Veröffentlichung, das Simplex-Verfahren NICHT bekannt war und er in seiner Veröffentlichung NICHT die exakte Lösung erreichte, da er lediglich über approximative Lösungsverfahren verfügte.

   Beantworten Sie die folgende Fragen:
   a Wie viele Design-Variablen N besitzt das von George J. Stigler formulierte LP?
   b Wie viele Nebenbedingungen M besitzt das von George J. Stigler formulierte LP?
   c Wie genau schaffte es George J. Stigler eine Lösung des LP anzugeben?
2. Der Erfinder des Simplex-Verfahrens, George Dantzig, gibt in [8] einen leichtverständlichen und launischen historischen Abriss. In [12] können Sie eine moderne Abhandlung zu diesem Problem lesen.

   Beantworten Sie die folgende Frage: Wie lange benötigten im Jahr 1947 insgesamt 6 mathematisch geschulte Angestellte um, ohne den Einsatz von Digitaltechnik, Stigler's Diet Problem von 1945 zu lösen?

Mit diesem Wissen und Know-How ausgestattet, beginnen Sie nun das Fallbeispiel, ein Diet Problem, zu lösen.

Abbildung 5.2 Mechanischer Multiplizier-Apparat (Patent 1874, das dargestellte Modell vermutlich 1935-1945). Vor Verbreitung der Digitaltechnik wurde das Simplex-Verfahren mit Hilfe dieser Apparate durchgeführt.

Teil II: Bearbeitung des Fallbeispiels

Das St. Galler Start-Up *ChokiHealth* möchte eine besonders gesunde und gleichzeitig gut schmeckende Schweizer Schokolade auf den Markt bringen. Der mathematik-kundige Gründer plant die Schokolade so gut wie nötig und so günstig wie möglich herzustellen. Dabei sind 5 Zutaten gesundheits- und kosten-relevant: Macadamianüsse, Passionsblumenkraut, Lindenblüten, Gelber Edelapfel und Zitroneningwer. Jede Zutat enthält jeweils die Vitamine B_1, B_2, B_6 und B_{12} in folgenden Mengen (in $\frac{g}{kg}$):

	B_1	B_2	B_6	B_{12}	Kosten (SFr/kg)
Zitroneningwer	39,0	45,1	1,41	0,88	0,45
Passionsblume	10,0	9,9	78,2	1,29	1,22
Lindenblüten	4,0	22,2	30,9	6,12	1,89
Gelber Edelapfel	17,2	16,0	7,85	8,13	4,15
Macadamia	59,03	77,38	51,2	22,00	8,98
Mindestmenge (in g/kg)	2,4	6,0	8,5	1,2	

In der Tabelle sind ebenfalls die Kosten der Zutaten und die Mindestmenge der 4 Vitamine, die sich in der Schokolade befinden müssen, angegeben. Bestimmen Sie die optimale Mixtur, so dass die Schokolade von jedem Vitamin die Mindestmenge nicht unterschreitet und die Kosten minimal sind.

1. Modellieren Sie dieses Problem als Optimierungsproblem. Schreiben Sie das Modell in Matrix-Form. Um welche Problemklasse handelt es sich?

2. Lösen Sie das Optimierungsproblem mit Hilfe des Simplex-Algorithmus mit Matlab. Welche Nebenbedingungen sind aktiv? Überprüfen Sie anhand der Ausgabe, ob der Algorithmus eine Lösung gefunden hat.
3. Bei Geschmackstests kann die optimierte Mixtur gemäß (b) nicht überzeugen. Vermutlich befinden sich zu viele Lindenblüten in der Schokolade. Finden Sie eine neue optimierte Mixtur, bei der die Menge der Lindenblüten auf 100 g begrenzt ist.
4. Weitere Geschmackstests ergeben, dass zusätzlich zu der Beschränkung der Lindenblüten ein Mindestanteil von 10 g Gelber Edelapfel gefordert werden muss um die geschmacklichen Ziele zu erreichen. Finden Sie erneut die optimierte Mixtur.

Lösung des Fallbeispiels:

1. Linear Programming, LP.
2. Optimale Lösung (jeweils in g): $x_1^* \approx 34,9$; $x_2^* \approx 35,5$; $x_3^* \approx 184$; $x_4^* = 0$; $x_5^* = 0$.

   Die minimalen Kosten sind 40,60 Rappen. Überprüfen, ob exitflag=1.

   Matlab:

```
A=-[39 10 4 17.2 59.03; 45.1 9.9 22.2 16 77.38; ...
    1.41 78.2 30.9 7.85 51.2; 0.88 1.29 6.12 8.13 22];
b=-[2.4;6;8.5;1.2];Aeq=[];beq=[];ub=inf(5,1);
lb=zeros(5,1);f=[0.45;1.22;1.89;4.15;8.98];
[x,fval,exitflag,output,lambda] = linprog(f,A,b,Aeq,beq,lb,ub)
lambda.ineqlin,lambda.lower
```

3. Optimale Lösung (jeweils in g): $x_1^* \approx 33,9$; $x_2^* \approx 54,0$; $x_3^* = 100$; $x_4^* = 0$; $x_5^* \approx 22,2$.

   Die minimalen Kosten sind 46,96 Rappen.
4. Optimale Lösung (jeweils in g): $x_1^* \approx 36,7$; $x_2^* \approx 55,5$; $x_3^* = 100$; $x_4^* = 10$; $x_5^* \approx 18,3$.

   Die minimalen Kosten sind 47,92 Rappen.

5.4 Übungen

5.4.1

Es sei folgende Optimierungsaufgabe gegeben, für $(x_1, x_2) \in \mathbb{R}^2$:

$$
\begin{aligned}
f^* &= \min(-x_1 - x_2), \\
x_1 &\leq 6, \\
x_2 &\leq 4, \\
x_1 &\geq 0, \\
x_2 &\geq 0.
\end{aligned}
$$

(5.1)
(5.2)
(5.3)
(5.4)

Lösen Sie das Optimierungsproblem mit Hilfe des Simplex-Algorithmus in Matlab (linprog). Welche Nebenbedingungen sind aktiv? Überprüfen Sie anhand der linprog-Ausgabe, ob der Algorithmus eine Lösung gefunden hat.

5.4.2

Es sei folgende Optimierungsaufgabe gegeben, für $(x_1, x_2) \in \mathbb{R}^2$:

$$
\begin{aligned}
f^* &= \min(-x_1 - 0.5x_2), \\
x_2 &\leq 4 + x_1, \\
x_2 &\geq 2x_1,
\end{aligned}
$$

(5.1)
(5.2)

Lösen Sie das Optimierungsproblem mit Hilfe des Simplex-Algorithmus in Matlab (linprog). Welche Nebenbedingungen sind aktiv? Überprüfen Sie anhand der linprog-Ausgabe, ob der Algorithmus eine Lösung gefunden hat.

5.4.3

Es sei folgende Optimierungsaufgabe gegeben, für $x \in \mathbb{R}^3$:

$$
\begin{aligned}
f^* &= \min(-x_1 - x_2 - 1.2x_3), \\
x_1 + 0.1x_2 + 0.3x_3 &\leq 6.1, \\
x_2 - 0.9x_3 &\leq 4.22, \\
2.4x_1 + x_2 + 2.2x_3 &\leq 5.5, \\
x_1 &\geq 0, \\
x_2 &\geq 0.
\end{aligned}
$$

(5.1)
(5.2)
(5.3)
(5.4)
(5.5)

Lösen Sie das Optimierungsproblem mit Hilfe des Simplex-Algorithmus in Matlab (linprog). Welche Nebenbedingungen sind aktiv? Überprüfen Sie anhand der linprog-Ausgabe, ob der Algorithmus eine Lösung gefunden hat.

5.4.4

Es sei folgende Optimierungsaufgabe gegeben, für $x \in \mathbb{R}^3$:

$$
\begin{aligned}
f^* &= \max(x_1 - 0.5x_2 + 2.8x_3), \\
2x_1 + 0.44x_2 + 3.3x_3 &\leq 10.5, \qquad\qquad (5.1) \\
x_1 - 2.22x_2 + 0.9x_3 &\leq 12.8, \qquad\qquad (5.2) \\
2x_1 + x_2 + 2.2x_3 &\geq -22.45, \qquad\qquad (5.3) \\
x_1 &\geq 0, \qquad\qquad (5.4) \\
x_2 &\geq 0 \qquad\qquad (5.5) \\
x_3 &\geq 2.45.
\end{aligned}
$$

Lösen Sie das Optimierungsproblem mit Hilfe des Simplex-Algorithmus in Matlab (linprog). Welche Nebenbedingungen sind aktiv? Überprüfen Sie anhand der linprog-Ausgabe, ob der Algorithmus eine Lösung gefunden hat.

5.4.5

Eine Firma stellt vier verschiedene Lacksorten L1; L2; L3 und L4 her. Der Gewinn pro kg beträgt 1.50 SFr bei L1, 1.00 SFr bei L2, 2.00 SFr bei L3 und 1.40 SFr bei L4. Verfahrensbedingt können pro Tag zusammen höchstens 1300 kg der Lacksorten L1 und L2 sowie zusammen höchstens 2000 kg der Lacksorten L1;L3 und L4 hergestellt werden. Die Mindestproduktion von L3 soll 800 kg betragen. Von L4 weiß man, dass pro Tag nicht mehr als 500 kg benötigt werden. Wie viel kg jeder Lacksorte soll die Firma pro Tag herstellen, um einen möglichst großen Gewinn zu erzielen?

1. Modellieren Sie dieses Produktionsplanungsproblem als Optimierungsproblem (s. Übungsserie 2).
2. Lösen Sie das Optimierungsproblem mit Hilfe des Simplex-Algorithmus in Matlab (linprog). Welche Nebenbedingungen sind aktiv? Vergleichen Sie das Ergebnis mit Ihrer Schätzung aus der Übungsserie 2.
3. Die Firma plant durch eine gezielte Investition den Gewinn zu erhöhen. Dabei gilt es 2 Varianten abzuwägen: (i) Durch eine neue Maschine können pro Tag zusammen höchstens 3000 kg der Lacksorten L1 und L2 hergestellt werden, (ii) durch eine neue Maschine können pro Tag zusammen höchstens 3400 kg der Lacksorten L1; L3 und L4 hergestellt werden. Welche Variante führt zu einem höheren Gewinn?

5.4.6

Ein Politiker möchte seine Wahlkampfgelder möglichst effizient einsetzen. Nach einer aktuellen Umfrage kann er in der Stadt mit 50'000 Stimmen (von total 100'000 Stimmen), in der Vorstadt mit 60'000 Stimmen (von total 200'000 Stimmen) und auf dem Land mit 10'000 Stimmen (von total 50'000 Stimmen) rechnen. Abhängig davon, in welches Wahlkampfthema er investiert, steigt oder sinkt seine Beliebtheit in den drei Bevölkerungsgruppen. In der Tabelle sind die erwarteten Stimmengewinne bzw. -verluste (in Tausend) gezeigt, wenn der Kandidat SFr 1'000 in das jeweilige Thema investiert.

Wahlkampfthema	Variable	Stadt	Vorstadt	Land
Strassenbau	x_1	-2	5	3
öffentlicher Nahverkehr	x_2	8	2	-5
Subventionen	x_3	0	0	10
Mineralölsteuer	x_4	10	-	-2

Die Tabelle ist folgendermaßen zu interpretieren: Werden SFr 1'000 (entspricht $x_1 = 1$) in den Wahlkampf für das Thema Strßenbau investiert, sinken die erwarteten Wählerstimmen in der Stadt um 2'000, nehmen in der der Vorstadt aber um 5'000 und auf dem Land um 3'000 zu. Analog für die restlichen drei Zeilen. Beachten Sie auch die Vorarbeiten, die Sie bereits in der Kapitel 3 zu dieser Aufgabe geleistet haben.

1. Der Berater A möchte die Ausgaben für den Wahlkampf so steuern, dass der Politiker sowohl in der Stadt, als auch in der Vorstadt und auf dem Land mindestens die absolute Mehrheit erringt. Stellen Sie das Optimierungs-Problem auf um die geringst möglichen Kosten für die Wahlkampf-Strategie von Berater A zu berechnen. Berechnen Sie mit Matlab die optimale Verteilung der Wahlkampfgelder und die Kosten der Strategie von Berater A. Analysieren Sie das Ergebnis und die Lagrange-Multiplikatoren: Ist das Ergebnis sinnvoll? Ist die Aufgabe sinnvoll gestellt? Falls nicht, wie müsste die Aufgabe besser gestellt werden?

2. Der Berater B möchte die Ausgaben für den Wahlkampf so steuern, dass der Politiker in seinem gesamten Wahlkreis (bestehend aus Stadt, Vorstadt und Land) die absolute Mehrheit erringt. Stellen Sie das Optimierungs-Problem auf um die geringst möglichen Kosten für die Wahlkampf-Strategie von Berater B zu berechnen. Berechnen Sie mit Matlab die optimale Verteilung der Wahlkampfgelder und die Kosten der Strategie von Berater B. Analysieren Sie

das Ergebnis und die Lagrange-Multiplikatoren: Ist das Ergebnis sinnvoll? Ist die Aufgabe sinnvoll gestellt? Falls nicht, wie müsste die Aufgabe besser gestellt werden?

Kapitel 6
Das SQP-Verfahren zur Lösung von NLP-Problemen

In diesem Kapitel beschäftigen wir uns mit multi-variaten NLP und deren Lösung.

6.1 Definition

© Springer Fachmedien Wiesbaden GmbH, ein Teil von Springer Nature 2019
M. Bünner, *Optimierung für Wirtschaftsingenieure*, Schriften zum
Wirtschaftsingenieurwesen, https://doi.org/10.1007/978-3-658-26610-3_6

> **Definition 6.1** Nonlinear Programming (NLP)
>
> *Multivariate, reelwertige Optimierungsprobleme mit Nebenbedingungen (Nonlinear Programming oder NLP) besitzen die Form:*
>
> $$\begin{aligned}
> f^* = f(x^*) \;&=\; \min f(x), &\qquad (6.1)\\
> g_1(x) \;&\leq\; 0, \\
> \ldots \;&\leq\; 0, \\
> g_M(x) \;&\leq\; 0.
> \end{aligned}$$
>
> *mit dem Vektor der N Design-Variablen $x \in \mathbb{R}^N$. Dabei heißt $f : \mathbb{R}^N \to \mathbb{R}$ Zielfunktion Die Funktion $g : \mathbb{R}^N \to \mathbb{R}^M$ bestimmt die M Ungleichheits-Nebenbedingungen. Dabei ist mindestens f oder eine Nebenbedingung g_i nichtlinear. x^* ist die Lösung des Optimierungsproblems und f^* ist der optimale Wert der Zielfunktion. Der Bereich $\mathbb{F}$ der Vektoren für die alle Nebenbedingungen erfüllt sind heißt Erlaubter Bereich oder Feasible Region. Die Nebenbedingungen $g_i(x)$ für die gilt: $g_i(x) = 0$ heißen aktiv. Die anderen heißen nicht-aktiv.*

Wir können nun einige Ergebnisse für bivariate NLP auf N-dimensionale NLP verallgemeinern:

1. Die Feasible Region eines N-dimensionalen LP wird fast immer begrenzt durch:

   - (N-1)-dimensionale (i.A. gekrümmte) Hyperflächen,
   - (N-2)-dimensionale (i.A. gekrümmte) Kanten,
   - (N-3)-dimensionale (i.A. gekrümmte) Kanten,
   - ...
   - Null-dimensionale Ecken.

2. Die Feasible Region kann *nicht beschränkt* sein. In diesem Fall ist es nicht möglich eine N-dimensionale Kugel mit endlichem Radius zu finden, in dem die Feasible Region enthalten ist (s. auch Abb. 6.1).

3. Die Feasible Region kann *beschränkt* sein. In diesem Fall ist es möglich eine N-dimensionale Kugel mit endlichem Radius zu finden, in dem die Feasible Region enthalten ist (s. auch Abb. 6.1).

4. Die Feasible Region eines NLP kann leer sein. Dann besitzt das NLP keine Lösung (s. auch Abb. 3.4).

5. Die Feasible Region eines NLP kann zusammenhängend oder nicht-zusammenhängend sein (s. auch Abb. 6.1).

6. Ein NLP kann unbeschränkt sein. In diesem Fall gibt es $x \in \mathbb{F}$ für die der Wert der Zielfunktion beliebig klein wird. Dann besitzt das NLP keine Lösung.

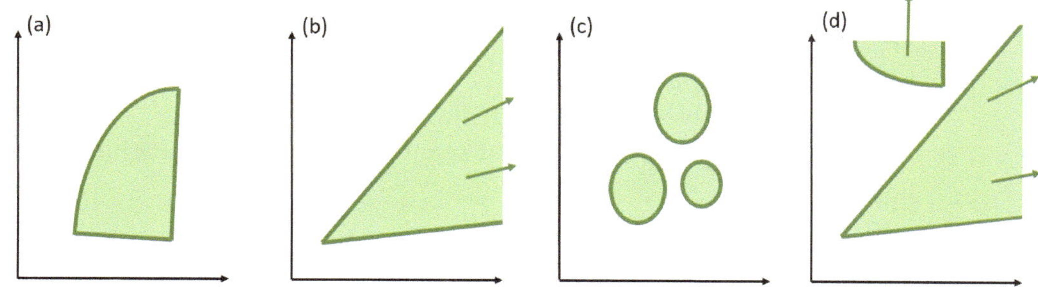

Abbildung 6.1 Beispiele für Feasible Regions von NLP: (a) beschränkte zusammenhängende Feasible Region, (b) nicht-beschränkte zusammenhängende Feasible Region, (c) beschränkte nicht-zusammenhängende Feasible Region, (d) nicht-beschränkte nicht-zusammenhängende Feasible Region.

7. Die Lösung x^* eines NLP kann nicht auf dem Rand der der Feasible Region liegen. In diesem Falle sind alle Nebenbedingungen in-aktiv, der Gradient ist Null, und alle Lagrange-Parameter sind Null.
8. Die Lösung x^* eines NLP kann auf dem Rand der Feasible Region liegen. In diesem Fall ist mindestens eine Nebenbedingung aktiv und der dazu gehörige Lagrange-Parameter ist größer als null.
9. Ein NLP kann mehrere ko-existierende lokale Minima besitzen.

6.2 Das SQP-Verfahren

Das Sequential-Quadratic-Programming-Verfahren (SQP) ist ein Verfahren aus der erweiterten Familie der Newton-Verfahren. Wie das Newton-Verfahren ist es iterativ und benötigt einen Startwert. Das SQP-Verfahren berechnet die Lösung auf Basis von Ableitungen und gehört damit zu der Gruppe der gradientenbasierten Optimierungs-Algorithmen. SQP-Algorithmen sind eine jüngere Entwicklung in der Numerischen Mathematik. Entwickelt in den Achtziger-Jahren, zu einer gewissen Verbreitung gelangt in den Neunziger-Jahren sind, sind Sie heute bei weitem nicht so verbreitet wie z.B. der Simplex-Algorithmus.

Es stehen Ihnen einige Offline-Tools zur Verfügung, denen Sie NLP's zur Lösung übergeben können. Online-Tools sind mir nicht bekannt.

1. lizenzpflichtig in *Matlab* als Teil der Matlab-Funktion *fmincon*.
2. lizenzpflichtig als Fortran-Code der NLPQL-Algorithmus [?].

Beim Newton-Verfahren nähern wir das unrestringierte nichtlineare Optimierungsproblem in jedem Iterationsschritt durch eine N-dimensionale Parabel. Im Vergleich dazu nähern wir beim SQP-Verfahren das restringierte nicht-lineare Optimierungsproblem durch eine eine N-dimensionale Parabel auf die lineare Ungleichheits-Nebenbedingungen wirken (ein sogenanntes Quadratic-Programming-Problem, QP) [11, 13, 20].

Die Idee des SQP-Algorithmus ist somit wie folgt, in vereinfachter Darstellung:

> **Definition 6.2** SQP-Algorithmus
>
> 1. *Starte mit x_0 in der Nähe einer Lösung und $j = 0$.*
> 2. *Approximiere das NLP an der Stelle x_j durch ein QP (Quadratic Programming)-Problem.*
> 3. *Löse das QP und nehme dessen Lösung als x_{j+1}.*
> 4. *$x_j = x_{j+1}$ und $j = j + 1$.*
> 5. *Stopp, falls Abbruchbedingung erfüllt.*
> 6. *Sonst gehe zu 2.*

Das Sequential-Quadratic-Programming-Verfahren (SQP) kann NLP mit 2-mal differenzierbaren Zielfunktionen und Nebenbedingungen lösen. Der Algorithmus konvergiert auf lokal optimale Lösungen. Falls ein NLP mehrere ko-existierende Minima besitzt, hängt das Ergebnis des SQP-Verfahrens von der Anfangsbedingung ab. In diesem Sinne ist der SQP-Algorithmus nur für NLPs, von denen man zeigen kann, dass sie keine ko-existierenden lokalen Minima besitzen, eine exakte Lösungsmethode, die immer das korrekte Ergebnis liefert.

Dies erscheint auf den ersten Blick wie eine gewisse *Schwäche* des SQP-Verfahrens. Allerdings gilt es sich Folgendes vor Augen zu halten: NLPs von denen man nicht ausschliessen kann, dass sie ko-existierende lokale Minima besitzen, sind hoch-komplex und in der Folge ist für die allermeisten von Ihnen keine exakte Lösungsmethode bekannt! Für solche NLPs wenden wir das SQP-Verfahren als approximatives Lösungsverfahren an, das, abhängig vom Startwert, lokal optimale Lösungen liefert.

Unabhängig davon in welcher Form Sie einen SQP-Algorithmus anwenden, ist es immer der erste Schritt das zu lösende NLP in eine Standard-Form zu bringen. Was genau für das von Ihnen verwendete Werkzeug die Standard-Form darstellt entnehmen Sie bitte dem Handbuch (RTFM $\rightarrow$ Read-The-Fucking-Manual).

Wir verwenden den in Matlab in der fmincon-Funktion integrierten Han-Powell-Algorithmus [23, 24, 11, 13, 20], der zur Klasse der SQP-Verfahren gehört. SQP-Algorithmen können in der Praxis äußerst leistungsfähig sein. Allerdings sind sie nicht einfach zu bedienen und erfordern ein hohes Maß an Know-How und Pflege. Von daher gleichen SQP-Algorithmen eher einem Formel-1-Rennwagen und weniger einem Traktor.

Die Schnittstelle zu der fmincon-Funktion unterscheidet mehrere verschiedene Typen von Nebenbedingungen:

1. lineare Ungleichheits-Nebenbedingungen in der Matrix-Form,
2. nicht-lineare Ungleichheits-Nebenbedingungen,
3. lineare Gleichheits-Nebenbedingungen in der Matrix-Form,
4. nicht-lineare Gleichheits-Nebenbedingungen und
5. obere und untere Grenzen der Design-Variablen, sogenannte *Box-Constraints*.

Das SQP-Verfahren benötigt für jede Iteration x_j den Wert der Zielfunktion, den Wert der Nebenbedingung und den Wert des Gradienten der Zielfunktion und die Werte der Gradienten aller Nebenbedingungen. In der Praxis muss mitunter ein großer Aufwand betrieben werden um die Gradienten der Zielfunktion und aller Nebenbedingungen zuverlässig zu berechnen. In diesem Buch allerdings, verwenden wir, der Einfachheit halber, den in der Funktion fmincon sich befindlichen Finite-Differenzen-Schätzer für die Gradienten.

Beispiel

Es sei folgende Optimierungsaufgabe gegeben, für $(x_1, x_2) \in \mathbb{R}^2$:

$$
\begin{aligned}
f^* &= \max(x_2 e^{-x_1}), & (6.2) \\
x_1 &\geq -1.2, & (6.3) \\
x_1 &\leq 3.7, & (6.4) \\
x_2 &\geq -0.1, & (6.5) \\
x_2 &\leq 3.4, & (6.6)
\end{aligned}
$$

Es handelt sich um ein bi-variates NLP.

Grafische Lösung

Wir lösen die Optimierungsaufgabe zuerst grafisch. Die grafische Lösung ergibt $x_1^* = -1.2; x_2^* = 3.4; f^* = x_2^* e^{-x_1^*} \approx 11.2884$. Die beiden Nebenbedingungen (6.3) und (6.6) sind aktiv. **Berechnung der Lagrange-Multiplikatoren auf der Basis der grafischen Lösung**

Mit Hilfe der KKT-Bedingung und der grafischen Lösung können wir die Lagrange-Multiplikatoren berechnen. Aus der grafischen Lösung erkennen wir, dass die Nebenbedingungen (2) und (3) in-aktiv sind. Deshalb sind die zugeordneten Lagrange-Multiplikatoren gleich Null: $\lambda_2 = \lambda_3 = 0$.

Wir schreiben das Optimierungsproblem in der Normalform:

$$f^* = \min(-x_2 e^{-x_1}), \tag{6.7}$$

$$g_1 = g - x_1 - 1.2 \leq 0 \tag{6.8}$$

$$g_2 = x_1 - 3.7 \leq 0, \tag{6.9}$$

$$g_3 = -x_2 + 0.1 \leq 0, \tag{6.10}$$

$$g_4 = x_2 - 3.4 \leq 0, \tag{6.11}$$

Damit ergeben sich die Gradienten:

$$\nabla f(x^*) = \begin{pmatrix} x_2^* e^{-x_1^*} \\ -e^{-x_1^*} \end{pmatrix}, \tag{6.12}$$

$$\nabla g_1(x^*) = \begin{pmatrix} -1 \\ 0 \end{pmatrix}, \tag{6.13}$$

$$\nabla g_4(x^*) = \begin{pmatrix} 0 \\ 1 \end{pmatrix}, \tag{6.14}$$

Am Punkt $x_1^* = -1.2; x_2^* = 3.4$ ist die KKT-Bedingung erfüllt:

$$\nabla f(x^*) + \sum \lambda_i \nabla g_i(x^*) = 0. \tag{6.15}$$

Und somit ergibt sich

$$\lambda_1 = 3.4 e^{1.2} \approx 11.2884, \tag{6.16}$$

$$\lambda_4 = e^{1.2} \approx 3.3201. \tag{6.17}$$

Lösung mit Hilfe des SQP-Algorithmus

Jetzt lösen wir die Optimierungsaufgabe mit Hilfe eines SQP-Algorithmus. Wir verwenden den in Matlab integrierten SQP-Algorithmus, dieser ist ein Teil der Funktion *fmincon*. Zuerst schreiben wir das Optimierungsproblem in einer Form, die der Eingabe-Syntax von fmincon entspricht, dazu wandeln wir es in ein Minimierungsproblem um.

$$f^* = \min(-x_2 e^{-x_1}),$$

$$\begin{pmatrix} -1.2 \\ -0.1 \end{pmatrix} \leq \begin{pmatrix} x_1 \\ x_2 \end{pmatrix} \leq \begin{pmatrix} 3.7 \\ 3.4 \end{pmatrix}.$$

Dieses NLP besitzt ausschliesslich Box Constraints, die wir mit Hilfe zweier Vektoren übergeben. Weitere Gleichheits- und Ungleichheits-Nebenbedingungen sind nicht vorhanden und müssen deshalb auch nicht übergeben werden. Die nichtlineare Zielfunktion berechnen wir in einer Funktion fgoal.

```
function [ f ] = fgoal(x)
f=-x(2)*exp(-x(1));
end
```

Jetzt verwenden wir folgendes Skript-File mit dem willkürlich gewählten Startwert (1,1,1) um die Lösung zu erhalten.

```
x0=[1;1]';A=[];b=[];Aeq=[];beq=[];lb=[-1.2;-0.1]';ub=[3.7;3.4];
options = optimoptions('fmincon','Algorithm','sqp','Display','iter',...
    'TolX',1e-6,'TolFun',1e-6);
[xs,fs,exitflag,output,lambda,grad,hessian] = ...
    fmincon(@fgoal,x0,A,b,Aeq,beq,lb,ub,[],options);
```

Der Algorithmus berechnet die korrekte Lösung $x_1^* = -1.2; x_2^* = 3.4; f^* \approx$ 11.2884 in lediglich 4 Iterationsschritten. Das exitflag = 1 signalisiert, dass der Algorithmus konvergiert ist. In der Tabelle erkennen wir, dass die KKT-Bedingung bis auf exakt am Lösungspunkt erfüllt ist (numerisch Null). In der Struktur lambda befinden sich die vom SQP-Algorithmus berechneten Lagrange-Parameter. Wir erkennen: Die beiden Nebenbedingungen (6.3) mit dem Lagrange-Parameter $\lambda_1 \approx$ 11.2884 und (6.6) mit dem Lagrange-Parameter $\lambda_4 \approx$ 3.3201 sind aktiv.

Zum Schluss testen wir noch verschiedene Anfangsbedingungen und erkennen, dass der Algorithmus für jede getestete Anfangsbedingung auf die bereits bekannte Lösung $x_1^* = -1.2; x_2^* = 3.4$ konvergiert. Im Rahmen dieses Tests können also keine ko-existierenden lokalen Minima gefunden werden.

Bitte beachten Sie, dass *fmincon* NICHT der Name eines Optimierungs-Algorithmus ist. Stattdessen handelt es sich um den Namen einer Funktion des Mathematik-Werkzeuges Matlab (u.a. Scilab und Octave). Die Matlab-Funktion *fmincon* beinhaltet mehrere verschiedene Optimierungs-Algorithmen zur Lösung von NLP. Der Anwender wählt diese, mit Hilfe der Funktion *optimoptions*, jeweils zur Lösung eines konkreten NLP.

In diesem Beispiel-NLP waren die Nebenbedingungen vergleichsweise einfach, nämlich Box Constraints. Im folgenden Beispiel werden wir nichtlineare Ungleichheits-Nebenbedingung hinzufügen und ein drei-dimensionales NLP lösen.

Beispiel

Es sei folgende Optimierungsaufgabe gegeben, für $x \in \mathbb{R}^3$:

$$f^* = \max(x_2 e^{-x_1} - x_3), \tag{6.18}$$
$$x_1 \geq -1.2, \tag{6.19}$$
$$x_1 \leq 3.7, \tag{6.20}$$
$$x_2 \geq -0.1, \tag{6.21}$$
$$x_2 \leq 3.4, \tag{6.22}$$
$$x_1^2 + x_2^2 + x_3^2 \leq 4 \tag{6.23}$$

Es handelt sich um ein multi-variates NLP, das NICHT grafisch lösbar ist. Wir lösen die Optimierungsaufgabe mit Hilfe eines SQP-Algorithmus. Zuerst schreiben wir das Optimierungsproblem in einer Form, die der Eingabe-Syntax von fmincon entspricht, dazu wandeln wir es in ein Minimierungsproblem um.

$$f^* = \min(x_3 - x_2 e^{-x_1}),$$
$$\begin{pmatrix} -1.2 \\ -0.1 \\ -\infty \end{pmatrix} \leq \begin{pmatrix} x_1 \\ x_2 \\ x_3 \end{pmatrix} \leq \begin{pmatrix} 3.7 \\ 3.4 \\ \infty \end{pmatrix}$$
$$x_1^2 + x_2^2 + x_3^2 - 4 \leq 0 \tag{6.24}$$

Dieses NLP besitzt (a) Box Constraints, die wir mit Hilfe zweier Vektoren übergeben und (b) eine einzige nicht-lineare Ungleichheits-Nebenbedingung. Gleichheits-, sowie lineare Ungleichheits-Nebenbedingungen sind nicht vorhanden und müssen deshalb auch nicht übergeben werden. Die nichtlineare Zielfunktion berechnen wir in einer Funktion fgoal2.

```
function [ f] = fgoal2(x)
f=x(3)-x(2)*exp(-x(1));
end
```

Die nichtlineare Nebenbedingung berechnen wir in einer Funktion fnonlin.

```
function [ c,ceq ] = fnonlin( x )
c=x(1)*x(1) +x(2)*x(2)+x(3)*x(3)-4;
ceq=[];
end
```

Jetzt verwenden wir folgendes Skript-File um die Lösung zu erhalten. Wir verwenden den willkürlich gewählten Startwert (1,1,1).

```
x0=[1;1;1]';A=[];b=[];Aeq=[];beq=[];lb=[-1.2;-0.1;-Inf];ub=[3.7;3.4;Inf];
```

```
options = optimoptions('fmincon','Algorithm','sqp','Display','iter',...
    'TolX',1e-6,'TolFun',1e-6);
[xs,fs,exitflag,output,lambda,grad,hessian] = ...
    fmincon(@fgoal2,x0,A,b,Aeq,beq,lb,ub,@fnonlin,options);
```

Der Algorithmus berechnet die Lösung $x_1^* = -1.2000; x_2^* = 1.5320; x_3^* = -0.4614; f^* \approx 5.5479$ in lediglich 10 Iterationsschritten. Das exitflag = 1 signalisiert, dass der Algorithmus konvergiert ist. In der Tabelle erkennen wir, dass die KKT-Bedingung bis auf $1e^{-6}$ für die Lösung erfüllt ist. In der Struktur lambda befinden sich die vom SQP-Algorithmus berechneten Lagrange-Parameter. Wir erkennen: Die beiden Nebenbedingungen (6.19) mit dem Lagrange-Parameter $\lambda_1 \approx 2.4859$ und (6.23) mit dem Lagrange-Parameter $\lambda_5 \approx 1.0836$ sind aktiv.

Zum Schluss testen wir noch verschiedene Anfangsbedingungen und erkennen, dass der Algorithmus für jede getestete Anfangsbedingung auf die gefundene Lösung konvergiert. Im Rahmen dieses Tests können also keine ko-existierenden lokalen Minima gefunden werden.

6.3 Übungen

6.3.1

Es sei folgende Optimierungsaufgabe gegeben, für $(x_1, x_2) \in \mathbb{R}^2$:

$$
\begin{aligned}
f^* &= \min(x_1^2 + x_2^2), \\
x_1 &\geq 0, & (6.1) \\
x_2 &\geq 0, & (6.2) \\
x_2 &\geq 4 - x_1, & (6.3)
\end{aligned}
$$

Lösen Sie das Optimierungsproblem (a) grafisch und (b) mit Hilfe des SQP-Algorithmus in Matlab (fmincon). Welche Nebenbedingungen sind aktiv?

6.3.2

Es sei folgende Optimierungsaufgabe gegeben, für $(x_1, x_2) \in \mathbb{R}^2$:

$$
\begin{aligned}
f^* &= \min(-x_1 - 0.5x_2), \\
x_1^2 + x_2^2 &\leq 4, & (6.1) \\
x_1 &\geq -1, & (6.2) \\
x_2 &\geq -1, & (6.3)
\end{aligned}
$$

Lösen Sie das Optimierungsproblem (a) grafisch und (b) mit Hilfe des SQP-Algorithmus in Matlab (fmincon). Welche Nebenbedingungen sind aktiv?

6.3.3

Ein Unternehmen habe insgesamt 1'000 Einheiten Arbeit pro Monat zur Verfügung, die es der Produktion zweier Güter X und Y zuordnen kann. Diese können zu zwei festen Preisen X: 199,- CHF und Y: 299,- CHF verkauft werden. Die Produktion von $x \in \mathbb{R}$ Einheiten des Gutes X verlangt $2.4x^2$ Einheiten Arbeit. Die Produktion von $y \in \mathbb{R}$ Einheiten des Gutes Y verlangt $2.9y^2$ Einheiten Arbeit.

1. Bestimmen Sie den optimalen Produktionsplan (x^*, y^*), der den Umsatz pro Monat maximiert mit Hilfe der grafischen Lösungsmethode.
2. Bestimmen Sie den optimalen Produktionsplan (x^*, y^*), der den Umsatz pro Monat maximiert mit Hilfe eines SQP-Algorithmus.

6.3.4

Ein Unternehmen habe insgesamt 5'000 Einheiten Arbeit pro Monat zur Verfügung, die es der Produktion dreier Güter (X, Y, Z) zuordnen kann. Diese können zu drei festen Preisen X: 249,- CHF, Y: 279,- CHF und Z: 119,- CHF verkauft werden. Seien $(x, y, z) \in \mathbb{R}^3$ die Anzahl der jeweils produzierten Güter, die jeweils $(2.124x^2, 2.773y^2, 24.98z)$ Einheiten Arbeit verlangen. Durch Lieferverträge muss das Unternehmen mindestens 8 Stück von X und mindestens 20 Stück von Y liefern. Bestimmen Sie den optimalen Produktionsplan (x^*, y^*, z^*), der den Umsatz pro Monat maximiert.

6.3.5

Ein Unternehmen habe insgesamt 250'000 Einheiten Arbeit zur Verfügung, die es der Produktion von 4 Gütern (U, V, W, X) zuordnen kann. Diese können zu drei festen Preisen U: 12,90 CHF, V: 9,90 CHF, W: 21,90 CHF, und X: 11,90 CHF verkauft werden. Seien $(u, v, w, x) \in \mathbb{R}^4$ die Anzahl der jeweils produzierten Güter, die jeweils $12.1u, 3800(\sqrt{v+1} - 1), 2.6w, 400(\sqrt{x+1} - 1)$ Einheiten Arbeit verlangen. Durch Lieferverträge muss das Unternehmen mindestens 2'000 Stück von U und mindestens 400 Stück von V liefern. Bestimmen Sie den optimalen Produktionsplan, der den Umsatz maximiert. Zeigen Sie, dass das Optimierungs-Problem (mindestens) zwei lokal optimale Lösungen besitzt.

Kapitel 7

Relaxation und Enumeration zur Lösung von Integer- und Mixed-Integer Optimierungsproblemen

Integer- und Mixed-Integer-Optimierungs-Probleme mit mehr als $N > 2$ Design-Variablen sind im Allgemeinen extrem schwer zu lösen. Allgemeine Optimierungs-Algorithmen für diese Problemklassen sind nicht bekannt.

In diesem Kapitel beschäftigen wir uns mit vergleichsweise einfachen Sonderfällen von Integer- und Mixed-Integer-Optimierungsproblemen:

1. die sich mit Hilfe einer Relaxation exakt oder approximativ lösen lassen und
2. die sich mit Hilfe einer Enumeration exakt oder approximativ lösen lassen.

Dabei geht es darum einige wesentlichen Eigenschaften der Optimierungs-Probleme aus diesen Problemklassen kennenzulernen. Es geht nicht darum die Vielzahl der bekannten Lösungsverfahren zu erläutern. Dazu verweisen wir auf die Fachliteratur [15].

Lernziele

1. Sie können multi-variate Integer- und Mixed-Integer Optimierungs-Probleme erkennen und korrekt klassifizieren.
2. Sie können, falls möglich, multi-variate Integer-Optimierungs-Probleme mit Hilfe einer Enumeration exakt oder approximativ lösen.
3. Sie können, falls möglich, multi-variate Integer- und Mixed-Integer Optimierungs-Probleme mit Hilfe einer Relaxation exakt oder approximativ lösen.

© Springer Fachmedien Wiesbaden GmbH, ein Teil von Springer Nature 2019
M. Bünner, *Optimierung für Wirtschaftsingenieure*, Schriften zum
Wirtschaftsingenieurwesen, https://doi.org/10.1007/978-3-658-26610-3_7

7.1 Definitionen

Definition 7.1 N-dimensionales Integer-Optimierungsproblem
Ein N-dimensionales Integer-Optimierungsproblem besitzt N ganz-zahlige Design-Variablen $n = (n_1, n_2, ... n_N) \in \mathbb{F} \subseteq \mathbb{Z}^N$ und M Nebenbedingungen:

$$f^* = f(n^*) = \min f(n). \tag{7.1}$$

$$
\begin{aligned}
g_1(n) &\leq 0, \\
... &\leq 0, \\
g_M(n) &\leq 0.
\end{aligned}
$$

Dabei heißt $f : \mathbb{Z}^N \to \mathbb{R}$ Zielfunktion und $g_1, ... g_M$ sind die M Nebenbedingungen.

Definition 7.2 N-dimensionales Mixed-Integer Optimierungsproblem
Mixed-Integer Optimierungsprobleme besitzen die Form für $x \in \mathbb{R}^{N-I}$ und $n \in S \subseteq \mathbb{Z}^I$:

$$
\begin{aligned}
f^* = f(x^*, n^*) &= \min f(x, n), \\
g_1(x, n) &\leq 0, \\
... &\leq 0, \\
g_M(x, n) &\leq 0.
\end{aligned}
\tag{7.2}
$$

Dabei heißt $f : (\mathbb{R}^{N-I}, S) \to \mathbb{R}$ Zielfunktion und (x, n) nennen wir Design-Variablen oder den Vektor der Design-Variablen. Die Funktion $g : (\mathbb{R}^{N-I}, S) \to \mathbb{R}^M$ heißt Nebenbedingungen. (x^*, n^*) ist die Lösung des Mixed-Integer Optimierungsproblems und f^* ist der optimale Wert der Zielfunktion. Der Bereich $\mathbb{F}$ der Vektoren für die alle Nebenbedingungen erfüllt sind heißt Erlaubter Bereich oder Feasible Region. Sind die Funktionen f und g linear, heißt das Optimierungsproblem Mixed-Integer Linear Programming (MILP).

Bemerkungen:

1. Bei Integer-Problemen hat die Linearität oder Nichtlinearität der Zielfunktionen häufig einen geringeren Einfluss auf die zu wählende Lösungs-Strategie. Deshalb wird bei Integer-Optimierungsproblemen in der Praxis die Unterscheidung zwischen linear und nichtlinear häufig weniger rigoros getroffen als bei den rellwertigen Optimierungsproblemen.

2. Bei Integer- oder Mixex-Integer-Optimierungs-Problemen können die Design-Variablen in der Praxis auch diskrete, nicht-ganzzahlige Werte annehmen, z.B. $x \in \{1.5; -2.37\}$. Man bezeichnet die Integer-Optimierungs-Probleme deshalb häufig auch als *diskrete Optimierungsprobleme*.

3. Die Definitionen sind allgemein gehalten und beinhalten deshalb Ungleichheits-Nebenbedingungen (restringiert). Selbstverständlich können Integer- und Mixed-Integer-Optimierungsprobleme auch ohne Nebenbedingungen (unrestringiert) auftreten.

4. Bei Integer- und Mixed-Integer-Optimierungs-Problemen können die mächtigen Werkzeuge der Analysis, wie Gradienten und Hesse-Matrix, nicht oder nur stark eingeschränkt verwendet werden.

5. Das Konzept des lokalen Minimums oder des lokalen Maximums wird bei Integer- und Mixed-Integer-Optimierungs-Problemen in der Regel nicht verwendet.

7.2 Lösungsmethoden

Wir wenden jetzt die zwei einfachen Lösungsverfahren

- Relaxation und
- Enumeration

in Kombination mit dem Simplex-Algorithmus und dem SQP-Algorithmus zur Lösung von multi-variaten Integer- und Mixed-Integer-Optimierungs-Problemen an. Weitere relevante Lösungsverfahren, wie z.B. das Branch-and-Bound-Verfahren oder Verfahren aus der Klasse der stochastischen Optimierung, werden in diesem Buch nicht besprochen und wir verweisen auf die Literatur [15].

7.2.1 Relaxation

Die Idee der Relaxation ist wie folgt:

Definition 7.3   Relaxation

1. *Definiere ein multivariates, reelwertiges, relaxiertes Optimierungsproblem, indem die Integer-Variablen n durch reelwertige Variablen ersetzt werden.*
2. *Löse das relaxierte Optimierungsproblem mit einer geeigneten Methode (z.B. Simplex oder SQP).*

3. Ersetze die relaxierten reelwertigen Variablen durch Rundung durch die ursprünglichen Integer-Variablen n. Bilde in der Nähe der Lösung des relaxierten Problems eine Menge von diskreten Lösungs-Kandidaten.

4. Teste alle Kandidaten und wähle den besten als Lösung.

Bemerkungen:

1. Die Relaxation ist eine einfache Methode zur approximativen Lösung von Integer- und Mixed-Integer-Problemen. Die Relaxation erlaubt es in der Praxis mit einem vergleichsweise geringem Aufwand einen guten Lösungskandidaten zu identifizieren. In der Regel kann aber nicht garantiert werden, dass dieser wirklich die exakte Lösung des Optimierungsproblems darstellt. In vielen praktischen Fällen führt die Relaxationsmethode zu sehr guten Resultaten mit wenig Rechenaufwand. Allerdings gibt es auch Fälle, in denen die Relaxationsmethode zu schlechten Ergebnissen führt. Es ist die Aufgabe des erfahrenen Anwenders, den einen von dem anderen Fall in der Praxis zu unterscheiden.

2. Eine wesentliche Voraussetzung für die Relaxation ist, dass die Zielfunktion und alle Restriktionen in den reelwertigen Bereich relaxiert werden können. Dies ist bei nicht allen Integer- oder Mixed-Integer-Problemen der Fall. Eine Klasse von Problemen bei denen die Zielfunktion für Integer-Werte der Design-Variablen existiert, aber nicht für rellwertige Werte der Design-Variablen sind z.B. kombinatorische Optimierungsprobleme. In diesen Fällen kann die Relaxation in der Regel nicht angewendet werden.

Beispiel
Ein Ingenieur benötigt für die Aufrüstung einer Rechnersteuerung 17 Chips vom Typ A und 13 Chips vom Typ B. In einem Fachgeschäft werden diese zwei Chips in zwei Packungseinheiten angeboten:

– Packung 1 enthält 4 Chips vom Typ A und 2 Chips vom Typ B.
– Packung 2 enthält 3 Chips vom Typ A und 3 Chips vom Typ B.

Der Preis für Packung 1 ist USD 100.– und der Preis für Packung 2 ist USD 200.–. Wie viele Packungen von jeder Sorte soll der Ingenieur kaufen, damit seine Kosten minimal sind?

1. Wir modellieren die Aufgabe als ein Integer-LP für $(n_1, n_2) \in \mathbb{N}^2$:

$$f^* = \min 100(n_1 + 2n_2),$$
$$4n_1 + 3n_2 \geq 17,$$
$$2n_1 + 3n_2 \geq 13.$$

Die Feasible Region hat unendlich viele Elemente. Deshalb bevorzugen wir als Lösungsmethode eine Relaxation.

2. Wir ersetzen die zwei Integer-Variablen $(n_1, n_2) \in \mathbb{N}^2$ durch die beiden reelwertigen Variablen $(x_1, x_2) \in \mathbb{R}^2$ und erhalten das relaxierte Problem:

$$f^* = \min 100(x_1 + 2x_2),$$
$$-4x_1 - 3x_2 \leq -17,$$
$$-2x_1 - 3x_2 \leq -13,$$
$$-x_1 \leq 0,$$
$$-x_2 \leq 0,$$

Wir lösen das LP mit dem Simplex-Algorithmus.

```
xs = linprog([1;2],[-4 -3;-2 -3;-1 0;0 -1],[-17;-13;0;0])
```

und erhalten als reellwertige Lösung $x_1^* = 6.5$, $x_2^* = 0$.

3. Wir überführen diese Lösung nun in den Integer-Bereich. Dazu schätzen wir eine Menge von Integer-Lösungs-Kandidaten in der Nähe der reelwertigen Lösungen: Diese seien $(6;0), (6;1), (7;0)$, und $(7;1)$. Von diesen erfüllen lediglich $(6;1), (7;0)$, und $(7;1)$ alle Nebenbedingungen. Von diesen 3 Integer-Lösungs-Kandidaten berechnen wir die Werte der Zielfunktion und erhalten: $f = 800; 700; 900$. Somit ist die mit unserer Methode gefundene optimale Lösung $n_1^* = 7, n_2^* = 0, f^* = 700$.

4. Mit dem von uns gewählten Verfahren haben wir eine weitere Lösung übersehen $n_1^* = 5, n_2^* = 2, f^* = 700$. Warum?

Beispiel

Es sei folgende Optimierungsaufgabe gegeben, für $(x, y) \in \mathbb{R}^2$ und $k \in \{1; 2\}$:

$$
\begin{aligned}
f^* &= \max(2x - y), \\
y &\leq -x + k, \\
y &\leq 0.5x + 2k, \\
y &\geq x - 2k, \\
y &\geq -k.
\end{aligned}
$$

1. Zuerst klassifizieren wir die Aufgabe. Das Problem besitzt 2 reelwertige Design-Variablen und 1 integer Design-Variable. Die Zielfunktion ist linear und die 4 Ungleichheits-Nebenbendingungen sind ebenfalls linear. Somit handelt es sich um ein mixed-integer LP.

2. Wir lösen die Aufgabe mittels Enumeration, da nur 2 Fälle, $k = 1$ und $k = 2$ zu unterscheiden sind. Für jeden Fall entsteht ein bivariates LP. Dieses lösen wir grafisch.

   Die Lösung im Fall $k = 1$ ist: $x_1^* = 1.5, y_1^* - 0.5 =, f_1^* = 3.5$. Die Lösung im Fall $k = 2$ ist: $x_2^* = 3, y_2^* = -1, f_2^* = 7$. Somit ist die Lösung des Mixed-Integer LP: $x^* = 3, y^* = -1, k^* = 2, f^* = 7$.

3. Die gefundene Lösung ist exakt. Warum?

4. Als alternative Lösungsmethode verwenden wir die Relaxation. Dazu wird im 1. Schritt die Integer-Variable $k \in \{1; 2\}$ durch eine neue reelwertige Variable $z \in \mathbb{R}$ ersetzt und es entsteht das relaxierte Optimierungsproblem:

$$
\begin{aligned}
f^* &= \min(-2x + y), \\
x + y - z &\leq 0, \\
-0.5x + y - 2z &\leq 0, \\
x - y - 2z &\leq 0, \\
-y - z &\leq 0, \\
-z &\leq -1, \\
z &\leq 2.
\end{aligned}
$$

Dabei haben wir die Information in welchem Bereich sich z nur bewegen darf in die letzten beiden Nebenbedingungen eingebracht. Es handelt sich um ein LP mit 3 Design-Variablen. Dieses lösen wir mit Hilfe des Simplex-Algorithmus.

```
xs = linprog([-2;1;0],[1 1 -1;-0.5 1 -2;1 -1 -2;0 -1 -1; 0 0 -1; 0 0 1],
```

```
[0; 0; 0; 0; -1;2])
```

Der Simplex-Algorithmus ergibt die Lösung des reelwertigen Problems: $x^* = 3, y^* = -1, z^* = 2, f^* = -7$. Um die Lösung des Mixed-Integer-Problems zu erhalten führen wir die Variable z in den Integer-Bereich zurück und es entsteht die korrekte Lösung: $x^* = 3, y^* = -1, k^* = 2, f^* = 7$. Da es sich bei dem relaxierten Problem um ein LP handelt, können wir darauf verzichten stichprobenartig zu überprüfen, ob weitere lokal optimale Lösungen existieren.

Beispiel

Es sei folgende Optimierungsaufgabe gegeben, für $(a, b) \in \mathbb{R}^2$ und $R \in \mathbb{N}$:

$$
\begin{aligned}
f^* &= \max(a + 2b - R), \\
a^2 + b^2 &\leq \left(\frac{R}{4}\right)^2, \\
a &\leq 38.1, \\
a &\geq 0, \\
b &\leq 44.8, \\
b &\geq 0,
\end{aligned}
$$

1. Zuerst klassifizieren wir die Aufgabe. Das Problem besitzt 2 reelwertige Design-Variablen und 1 integer Design-Variable. Die Zielfunktion ist linear aber eine der 5 Ungleichheits-Nebenbendingungen ist nichtlinear. Somit handelt es sich um ein mixed-integer NLP.
2. Wir lösen die Optimierungs-Aufgabe mittels Relaxation. Dazu wird die Integer-Variable $R \in \mathbb{N}$ durch eine neue reelwertige Variable $c \in \mathbb{R}, c \geq 1$ ersetzt und es entsteht das relaxierte Optimierungsproblem:

$$
\begin{aligned}
f^* &= \min(-a - 2b + c), \\
a^2 + b^2 &\leq \left(\frac{c}{4}\right)^2, \\
a &\leq 38.1, \\
a &\geq 0, \\
b &\leq 44.8, \\
b &\geq 0, \\
c &\geq 1.
\end{aligned}
$$

Es handelt sich um ein NLP mit 3 Design-Variablen. Dieses lösen wir mit Hilfe des SQP-Algorithmus. Zur Lösung verwenden wir den Code:

```
% Die zielfunktion
function [ f ] = fgoal( x )
a=x(1);
b=x(2);
c=x(3);
f=-a-2*b+c;
end
% Die Nebenbedingungen
function [ g,geq ] = fcon( x )
a=x(1);
b=x(2);
c=x(3);
g=a^2+b^2-(c/4)^2;
geq=[];
end
% Skript
x0=[1;1;1];
lb=[0;0;1];
ub=[38.1;44.8;Inf];
[x,fval,exitflag]=fmincon('fgoal',x0,[],[],[],[],lb,ub,'fcon')
```

Die Lösung ist: $a^* = 0.112, b^* = 0.223, c^* = 1, f^* = 0.443$. Da das relaxierte Problem ein NLP ist, müssen wir stichproben-artig überprüfen, ob noch weitere lokale Minima existieren. Nach > 10 Stichproben mit randomisierten Anfangswerten erhalten wir immer wieder die selbe Lösung. Dies gibt uns eine gewissen Zuversicht, dass keine weiteren lokalen Minima existieren. Nun führen wir den gewonnenen Wert c^* wieder in den Integer-Bereich zurück und wir erhalten als Lösung: $a^* = 0.112, b^* = 0.223, R^* = 1, f^* = 0.443$.

3. Können wir sicher sein, dass die erhaltene Lösung **wirklich** die gesuchte Lösung ist. Begründen Sie ihre Antwort.

7.2.2 Enumeration

Die Enumeration als Lösungsmethode wurde bereits im Kapitel 2 für univariate Integer-Probleme behandelt. Sie lässt sich in einfacher Weise auf multi-variate Integer- und Mixed-Integer-Optimierungsprobleme verallgemeinern, falls die Integer-Variablen nur endlich viele Werte annehmen können. Die Idee der Enumeration ist sehr einfach. Es wird lediglich eine Tabelle mit allen Lösungskandidaten angelegt und der beste Lösungskandidaten aus der Tabelle ausgewählt.

> **Definition 7.4** Enumeration
>
> *Es sei ein Integer- oder Mixed-Integer-Optimierungsproblem gegeben. Dabei sei $I \in$ $\mathbb{N}$ die Anzahl der möglichen Werte, die die Integer-Variablen annehmen können.*
>
> 1. *Bestimme die Werte $f_i, i = 1, ..., I$ der Zielfunktion für alle möglichen Werte der Integer-Variablen. Falls es sich um ein Mixed-Integer-Optimierungsproblem handelt ist dazu in der Regel ein reellwertiges Optimierungsproblem zu lösen.*
> 2. *Wähle den besten Wert als Lösung: $f^* = \min_i f_i^*$.*

Die Enumeration wird in der Praxis angewandt, wenn (a) die Integer-Variablen des Optimierungs-Problems endlich viele Werte annehmen können und (b) die vollständige Liste aller Lösungskandidaten mit vertretbarem Aufwand erstellt werden kann. In diesem Fall liefert die Enumeration die exakte Lösung des Integer-Optimierungs-Problems.

Bei Optimierungs-Problemen mit (a) unendlich vielen Lösungskandidaten, oder (b) so vielen Lösungskandidaten, dass eine Liste mit allen Kandidaten nicht mit den zur Verfügung stehenden Ressourcen aufgestellt werden kann, kann die Enumeration in der Praxis nicht angewandt werden. Aus diesem Grund kann die Enumeration

1. nicht bei reellwertigen Optimierungsproblemen und
2. bei Mixed-Integer-Optimierungsproblemen nur in Kombination mit Optimierungs-Algorithmen für reellwertige Optimierungsprobleme

angewandt werden.

7.3 Übungen

7.3.1

Es sei folgende Optimierungsaufgabe gegeben, für $(x_1, x_2) \in \mathbb{R}^2$ und $n \in \{1; 2; 3\}$:

$$
\begin{aligned}
f^* &= \max(2x_1 + x_2), \\
x_1 + x_2 &\leq 2n, \\
x_1 - x_2 &\leq 2n, \\
x_1 + x_2 &\geq n, \\
x_1 - x_2 &\geq n,
\end{aligned}
$$

1. Klassifizieren Sie das Optimierungsproblem.
2. Lösen Sie das Optimierungsproblem mit einer Enumeration (mit Hilfe des Simplex-Algorithmus). Falls nötig, untersuchen Sie stichprobenartig, ob das Problem lokal optimale Lösungen besitzt.
3. Lösen Sie das Optimierungsproblem mit der Relaxationsmethode (mit Hilfe des Simplex-Algorithmus). Falls nötig, untersuchen Sie stichprobenartig, ob das Problem lokal optimale Lösungen besitzt.

7.3.2

Es sei folgende Optimierungsaufgabe gegeben, für $(x_1, x_2) \in \mathbb{R}^2$ und $z \in \{1; 2; 4; 6; 8; 12\}$:

$$
\begin{aligned}
f^* &= \min(-10x_1 - 5x_2 - z), \\
x_1^2 + x_2^2 - z &\leq 50, \\
x_1 &\geq -1, \\
x_2 &\geq 3 + \frac{z}{5},
\end{aligned}
$$

1. Lösen Sie das Optimierungsproblem mit einer Enumeration. Falls nötig, untersuchen Sie stichprobenartig, ob das Problem lokal optimale Lösungen besitzt.
2. Lösen Sie das Optimierungsproblem mit der Relaxationsmethode. Falls nötig, untersuchen Sie stichprobenartig, ob das Problem lokal optimale Lösungen besitzt.

7.3.3

Ein Unternehmen habe insgesamt 5'000 Einheiten Arbeit zur Verfügung, die es der Produktion dreier Güter (X, Y, Z) zuordnen kann. Diese können zu drei festen Preisen X: 249,- CHF, Y: 279,- CHF und Z: 119,- CHF verkauft werden. Seien $(x, y, z) \in \mathbb{R}^3$ die Anzahl der jeweils produzierten Güter, die jeweils $(2.124x^2, 2.773y^2, 24.98z)$ Einheiten Arbeit verlangen. Das Unternehmen muss mindestens 8 Stück von X liefern. Das Unternehmen muss mindestens 20 Stück von Y liefern, ansonsten wird es mit einer Vertragsstrafe von 1'000 CHF belegt. Bestimmen Sie den optimalen Produktionsplan, der den Umsatz maximiert.

1. Stellen Sie ein mixed-integer Optimierungs-Problem auf. Tipp: Modellieren Sie die Vertragsstrafe mit Hilfe einer Integer-Variablen n, z.B. $n = 0$ entspricht dem Fall ohne Vertragsstrafe und $n = 1$ entspricht dem Fall mit Vertragsstrafe.
2. Lösen Sie das mixed-integer Optimierungs-Problem mit Enumeration. Falls nötig, untersuchen Sie stichprobenartig, ob das Problem lokal optimale Lösungen besitzt.
3. Lösen Sie das mixed-integer Optimierungs-Problem mit Relaxation. Falls nötig, untersuchen Sie stichprobenartig, ob das Problem lokal optimale Lösungen besitzt.

7.3.4

Ein Unternehmen plant $n \in \mathbb{N}$ Fabriken zu bauen in denen jeweils die selben zwei Güter hergestellt werden. In jeder Fabrik stehen insgesamt 1000 Einheiten Arbeit pro Jahr zur Verfügung. Die Güter erzielen Gewinne von 120'000,- CHF, bzw. 160'000,- CHF. Die Produktion von $x \in \mathbb{R}_0^+$ Einheiten des ersten Gutes verlangt $2.4x^2$ Einheiten Arbeit pro Jahr. Die Produktion von $y \in \mathbb{R}_0^+$ Einheiten des zweiten Gutes verlangt $2.9y^2$ Einheiten Arbeit pro Jahr. Die Kosten für die Fabriken betragen $100'000n(n + 1)$ CHF pro Jahr. Bestimmen Sie näherungsweise die optimale Anzahl von Fabriken, die den Gewinn maximieren.

Kapitel 8
Ausblick

Die Optimierung ist ein schwieriges Geschäft! Trotz der in diesem Buch vorgestellten leistungsfähigen Lösungsverfahren für gewisse Klassen von Optimierungsproblemen, sollte man sich vor Augen halten: Die meisten Optimierungsprobleme sind (heute noch) nicht lösbar. Wir befinden uns also inmitten eines Forschungsfeldes, das weit mehr offene Fragen als Antworten kennt. Die Optimierung ist weit von *Beherrschbarkeit* und einer *Wir-können-Alles-Erfahrung* entfernt.

Gerade deshalb ist in der Optimierungs-Praxis die Grenze zwischen *wertvollsten Ergebnissen* und *totalem Schrott* manchmal schmal und (leider) nur schlecht zu erkennen. Deshalb sind die mathematischen Grundlagen, profundes Know-How gepaart mit viel Erfahrung, Skepsis und einer Prise Demut die Erfolgsfaktoren für die Praxis.

Aus der Praxis kommt der Ruf nach einem einzigen leistungsfähigen Optimierungs-Algorithmus, der alle Optimierungsprobleme in gleicher Weise effizient und sicher löst. Diesen Praktikern kann man nur zurufen: Träumer, wacht auf! Das gibt es nicht! Wie in der Quantenmechanik die Unschärferelation das gleichzeitige Wissen um Ort und Impuls verbietet, so gibt es auch in der Optimierung eine Unschärfe-Relation: Je universeller ein Optimierungs-Algorithmus ist, desto weniger effizient ist er - je effizienter ein Optimierungs-Algorithmus, desto weniger universell.

Abgesehen von den in diesem Buch vorgestellten Optimierungs-Algorithmen gibt es viele weitere in der Praxis, für jeweils bestimmte Klassen von Optimierungsproblemen eingesetzte, Verfahren. Wir verweisen hier auf die Literatur.

- die Familie der Quasi-Newton-Verfahren [2, 22, 13, 20],
- stochastische Optimierungs-Algorithmen (inkl. Genetische Algorithmen und Simulated Annealing) [32],
- Branch-and-Bound-Algorithmen [15],

- Verfahren, die mit Surrogat-Modellen, wie beispielsweise Response-Surface-Modellen, arbeiten [32],
- Ausgezeichnet getestete Heuristiken wie z.B. der Nelder-Mead-Algorithmus [22],
- Abdeckungsverfahren wie z.B. die Methode des Goldenen Schnittes [32].

8.1 Übungen

8.1.1

Es sei folgende Optimierungsaufgabe gegeben, für $x \in \mathbb{R}$:

$$f^* = \min(x^4 - 3x^3 + x^2 - 2x + 1),$$

Welche Aussagen sind wahr?

1. Die Zielfunktion ist stetig.
2. Die Zielfunktion ist differenzierbar.
3. Die Aufgabe ist restringiert.
4. Die Aufgabe ist univariat.
5. Die Aufgabe ist multivariat.
6. Die Aufgabe kann mit einem Newton-Algorithmus, mit variierendem Startwert x_0, gelöst werden.
7. Die Aufgabe kann mit Enumeration gelöst werden.
8. Die Aufgabe kann mit einem Simplex-Algorithmus gelöst werden.
9. Beim Einsatz des Newton-Algorithmus zur Lösung dieser Aufgabe ist auf eventuell vorhandene lokale Minima zu achten.
10. Beim Einsatz der Enumeration zur Lösung dieser Aufgabe ist auf eventuell vorhandene lokale Minima zu achten.
11. Die Aufgabe ist algorithmisch unlösbar.
12. Die Feasible Region besitzt unendlich viele Elemente.
13. Die Feasible Region besitzt endlich viele Elemente.

8.1.2

Es sei folgende Aufgabe gegeben, für $x \in \mathbb{R}$:

$$f^* = \min f(x),$$
$$-1 \leq x \leq 1.$$

Welche Aussagen sind wahr?

1. Die Aufgabe ist restringiert.
2. Die Aufgabe ist univariat.
3. Die Aufgabe ist multivariat.
4. Die Aufgabe kann mit einem SQP-Algorithmus gelöst werden.
5. Die Aufgabe kann mit einem SQP-Algorithmus gelöst werden, falls f stetig ist.
6. Die Aufgabe kann mit einem SQP-Algorithmus gelöst werden, falls f zweimal differenzierbar ist.
7. Die Aufgabe kann mit einem Simplex-Algorithmus gelöst werden.
8. Die Aufgabe kann mit einem Simplex-Algorithmus gelöst werden, falls f stetig ist.
9. Die Aufgabe kann mit einem Simplex-Algorithmus gelöst werden, falls f linear ist.
10. Die Feasible Region besitzt unendlich viele Elemente.
11. Die Feasible Region besitzt endlich viele Elemente.
12. Die Aufgabe ist, für alle möglichen $f(x)$, algorithmisch unlösbar.

8.1.3

An einer Fertigungslinie sind N Werkstücke nacheinander zu bearbeiten, wobei die Gesamtarbeitszeit von der Reihenfolge der bearbeiteten Werkstücke abhängt. Gesucht ist die Reihenfolge der Werkstücke mit der geringsten Gesamtarbeitszeit. Welche Aussagen sind wahr?

1. Die Aufgabe kann mit einem SQP-Algorithmus gelöst werden.
2. Die Aufgabe kann mit Enumeration gelöst werden.
3. Die Aufgabe kann mit einem Simplex-Algorithmus gelöst werden.
4. Bei dem Einsatz des SQP-Algorithmus zur Lösung der Aufgabe ist auf eventuell vorhandene lokale Minima zu achten.
5. Bei dem Einsatz der Enumeration zur Lösung der Aufgabe ist auf eventuell vorhandene lokale Minima zu achten.
6. Bei dem Einsatz des Simplex-Algorithmus zur Lösung der Aufgabe ist auf eventuell vorhandene lokale Minima zu achten.
7. Die Feasible Region besitzt unendlich viele Elemente.
8. Die Feasible Region besitzt endlich viele Elemente.
9. Die Aufgabe ist algorithmisch unlösbar.

8.1.4

Es sei folgende Aufgabe gegeben, für die Design-Variablen $x \in \mathbb{R}^4$, die Koeffizienten-Vektoren $c \in \mathbb{R}^4, b \in \mathbb{R}^6$ und die $(4 \times 6)-$Matrix B:

$$\begin{aligned} f^* &= \min(c \cdot x), \\ B \cdot x &\leq b. \end{aligned}$$

Welche Aussagen sind wahr?

1. Die Aufgabe kann mit einem Newton-Algorithmus gelöst werden.
2. Die Aufgabe kann mit Enumeration gelöst werden.
3. Die Aufgabe kann mit einem Simplex-Algorithmus gelöst werden.
4. Bei dem Einsatz des Newton-Algorithmus zur Lösung der Aufgabe ist auf eventuell vorhandene lokale Minima zu achten.
5. Bei dem Einsatz der Enumeration zur Lösung der Aufgabe ist auf eventuell vorhandene lokale Minima zu achten.
6. Bei dem Einsatz des Simplex-Algorithmus zur Lösung der Aufgabe ist auf eventuell vorhandene lokale Minima zu achten.
7. Die Aufgabe kann graphisch gelöst werden.
8. Die Aufgabe kann mit Hilfe des Gradienten und der Hesse-Matrix analytisch gelöst werden.
9. Möglicherweise besitzt die Aufgabe keine Lösung.
10. Die Aufgabe ist algorithmisch unlösbar.

8.1.5

Es sei folgende Aufgabe gegeben, für die Design-Variablen $(x, y, z) \in \mathbb{R}^3$:

$$f^* = \max(-2x^2 - z^2 - xy + 3xz + z - y + 1).$$

Welche Aussagen sind wahr?

1. Die Aufgabe kann mit Enumeration gelöst werden..
2. Die Aufgabe kann mit einem Simplex-Algorithmus gelöst werden.
3. Die Aufgabe kann graphisch gelöst werden.
4. Die Aufgabe kann mit Hilfe des Gradienten und der Hesse-Matrix analytisch gelöst werden.
5. Bei dem Einsatz der Enumeration zur Lösung der Aufgabe ist auf eventuell vorhandene lokale Minima zu achten.
6. Bei dem Einsatz des Simplex-Algorithmus zur Lösung der Aufgabe ist auf eventuell vorhandene lokale Minima zu achten.

7. Möglicherweise besitzt die Aufgabe keine Lösung.
8. Die Aufgabe ist algorithmisch unlösbar.

8.1.6

Es sei folgende Aufgabe gegeben, für $(x_1, x_2, x_3) \in \mathbb{R}^3, n \in \{1; 4; 8\}$:

$$
\begin{aligned}
f^* &= \min(x_1^2 - \sin(x_2) + 0.1x_3), \\
x_1 + 10x_2 + x_3 &\leq n, \\
2x_2 + x_3 &\leq -1, \\
11x_1 - 10x_2 + \frac{x_3}{3} &\leq 1,
\end{aligned}
$$

Welche Aussagen sind wahr?

1. Die Aufgabe kann mit einem SQP-Algorithmus exakt gelöst werden.
2. Die Aufgabe kann mit einem SQP-Algorithmus approximativ gelöst werden.
3. Die Aufgabe kann mit einem Simplex-Algorithmus gelöst werden.
4. Die Aufgabe kann mit einer Enumeration gelöst werden.
5. Die Aufgabe kann mit Enumeration in Kombination mit einem SQP-Algorithmus exakt gelöst werden.
6. Die Aufgabe kann mit Enumeration in Kombination mit einem SQP-Algorithmus approximativ gelöst werden.
7. Die Aufgabe kann mit Enumeration in Kombination mit einem Simplex-Algorithmus gelöst werden.
8. Die Aufgabe kann mit dem SQP-Algorithmus in Kombination mit einem Simplex-Algorithmus exakt gelöst werden.
9. Die Aufgabe kann mit dem SQP-Algorithmus in Kombination mit einem Simplex-Algorithmus approximativ gelöst werden.
10. Die Feasible Region besitzt unendlich viele Elemente.

8.1.7

Wir suchen einen kritischen Punkt der Funktion

$$
f(x) = 2e^x - 10x
$$

in der Nähe von $x \approx 1.6$. Welches Matlab-Skript führt zu einer näherungsweisen Berechnung des gesuchten kritischen Punktes?

1.
```
A=[];b=[];Aeq=[];beq=[];ub=[];lb=[];f=2*exp(x)-10*x;x0=1.6;
options=optimoptions('linprog','Algorithm','simplex','Display','iter');
[x1,f1,exitflag1,output,lambda] = linprog(f,A,b,Aeq,beq,lb,ub,x0,options);
```
2.
```
2*exp(x)-10=0;
```
3.
```
xi=1.6;
for ii=1:5,
    xipe=xi+5*exp(-xi)-1;
    xi=xipe;
end
```
4. Skript:

```
x0=[1.6]';A=[];b=[];Aeq=[];beq=[];lb=[]';ub=[];
options = optimoptions('fmincon','Algorithm',...
'sqp','GradObj','on','Display','iter','TolX',1e-6,'TolFun',1e-6);
[xs,fs,exitflag] = fmincon(@goalfunc,x0,A,b,Aeq,beq,lb,ub,[],options);
```

Zielfunktion:

```
function [ f,grad ] = goalfunc(x)
f=2*exp(x)-10*x;
grad=2*exp(x)-10;
end
```

5.
```
A=[0 0; 1 1];b=[1;1];Aeq=[];beq=[];ub=[];lb=[];f=2*exp(x)-10*x;x0=1.6;
options=optimoptions('linprog','Algorithm','simplex','Display','iter');
[x1,f1,exitflag1,output,lambda] = linprog(f,A,b,Aeq,beq,lb,ub,x0,options);
```

8.1.8

Wir suchen die Lösung der Optimierungsaufgabe:

$$
\begin{aligned}
f^* &= \max(-x_1 + x_2), \\
x_1 + x_2 &\geq 50, \\
0 \leq x_1 &\leq 4, \\
-1 \leq x_2 &\leq 3.
\end{aligned}
$$

Welches Matlab-Programm liefert das korrekte Ergebnis?

1.
```
A=[];b=[];Aeq=[-1 -1];beq=[-50];ub=[4;3];lb=[0;-1];f=[1;-1];x0=[1;1];
options=optimoptions('linprog','Algorithm','simplex','Display','iter');
[x1,f1,exitflag1,output,lambda] = linprog(f,A,b,Aeq,beq,lb,ub,x0,options);
```
2.
```
A=[1 1];b=[50];Aeq=[];beq=[];ub=[4;3];lb=[0;-1];f=[-1;1];x0=[1;1];
options=optimoptions('linprog','Algorithm','simplex','Display','iter');
[x1,f1,exitflag1,output,lambda] = linprog(f,A,b,Aeq,beq,lb,ub,x0,options);
```

3. ```
A=[-1 -1];b=[-50];Aeq=[];beq=[];ub=[4;3];lb=[0;-1];f=[1;-1];x0=[1;1];
options=optimoptions('linprog','Algorithm','simplex','Display','iter');
[x1,f1,exitflag1,output,lambda] = linprog(f,A,b,Aeq,beq,lb,ub,x0,options);
```

4. Skript:

```
x0=[1;1];A=[-1 -1];b=[-50];Aeq=[];beq=[];ub=[4;3];lb=[0;-1];
options = optimoptions('fmincon','Algorithm','sqp',...
'GradObj','on','Display','iter','TolX',1e-6,'TolFun',1e-6);
[xs,fs,exitflag] = fmincon(@goalfunc,x0,A,b,Aeq,beq,lb,ub,[],options);
```

Zielfunktion:

```
function [ f,grad ] = goalfunc(x)
f=-x(1)+x(2);
grad(1)=-1;
grad(2)=1;
end
```

5. Skript:

```
x0=[1;1];A=[1 1];b=[50];Aeq=[];beq=[];ub=[4;3];lb=[0;-1];
options = optimoptions('fmincon','Algorithm','sqp',...
'GradObj','on','Display','iter','TolX',1e-6,'TolFun',1e-6);
[xs,fs,exitflag] = fmincon(@goalfunc,x0,A,b,Aeq,beq,lb,ub,[],options);
```

Zielfunktion:

```
function [ f,grad ] = goalfunc(x)
f=x(1)-x(2);
grad(1)=-1;
grad(2)=1;
end
```
```

Literaturverzeichnis

[1] W. Achtziger. Truss topology optimization including bar properties different for tension and compression. *Structural Optimization, Vol. 12*, pages 63–74, 1996.

[2] A. Antoniou and W.-S. Lu. *Practical Optimization*. Springer Verlag, 2007.

[3] M. P. Bendsoe and O. Sigmund. *Topology Optimization*. Springer Verlag, 2003.

[4] T. Binder, P. Hougardy, and P. Haffner. Optimierung von guss- und schmiedeteilen bei audi. *Simulation, Vol. 2*, pages 3–11, 2003.

[5] M. J. Bünner. The Mathematics of Optimal Products. *Proceedings: NAFEMS Conference, Wiesbaden*, 2014.

[6] Clifford Stein Charles E. Leiserson, Ronald L. Rivest. *Algorithmen – Eine Einführung*. Oldenbourg Verlag, München, 2010.

[7] V. Chvatal D. Applegate, R. Bixby and W. Cook. On the Solution of Travelling Salesman Problems. *Documenta Mathematica*, 3(1):645–656, 1998.

[8] G. B. Dantzig. The Diet Problem. *Interfaces*, 20(4):43–47, 1990.

[9] Vahid Dehdari and Dean S. Oliver. Sequential quadratic programming for solving constrained production optimization–case study from brugge field. *SPE Journal 17(3)*, pages 874–884, 2012.

[10] L. Vorspel F. Gfeller, M. Schramm, and M. Bünner. Optimization of the lift curve of airfoils with special emphasis on the improvement of the airfoil's stall behavior. *6th Symposium on OpenFOAM in Wind Energy*, 2018.

[11] R. Fletcher. *Practical Methods of Optimization*. John Wiley and Sons, 1987.

[12] S. G. Garille and S. I. Gass. Stiglers Diet Problem revisited. *Operations Research*, 49(1):1–13, 2001.

© Springer Fachmedien Wiesbaden GmbH, ein Teil von Springer Nature 2019
M. Bünner, *Optimierung für Wirtschaftsingenieure*, Schriften zum
Wirtschaftsingenieurwesen, https://doi.org/10.1007/978-3-658-26610-3

[13] P. E. Gill, W. Murray, and M. H. Wright. Practical Optimization. *Academic Press*, 1984.

[14] F. Grasso. Hybrid Optimization for Wind Turbine Thick Airfoils. *8th AIAA Multidisciplinary Design Optimization Specialist Conference*, 2012.

[15] Bernhard Korte and Jens Vygen. *Kombinatorische Optimierung*. Springer Verlag, 2008.

[16] Jürgen Lerner, Dorothea Wagner, and Katharina A. Zweig. *Algorithmics of Large and Complex Networks*. Springer Verlag, 2009.

[17] Grötschel M. and Padberg M. Die optimierte odyssee. *Spektrum der Wissenschaft, Vol. 4*, pages 76 – 85, 1999.

[18] B. Mohammadi and O. Pironneau. Applied Shape Optimization for Fluids. *Oxford University Press*, 2001.

[19] M. G. Nagel. Numerische Optimierung dreidimensional parametrisierter Turbinenschaufeln mit umfangsunsymmetrischen Plattformen - Entwicklung, Anwendung, Validierung. *Ph. D. thesis, Universität der Bundeswehr München*, 2004.

[20] Jorge Nocedal and Stephen J. Wright. *Numerical Optimization, 2nd edition.* Springer Science+Business Media, 2006.

[21] R. Penrose. *The Emperors New Mind*. Oxford Press, 1989.

[22] W. H. Press, S. A. Teukolsky, W. T. Vetterling, and B. P. Flannery. Numerical Recipes: The Art of Scientific Computing. *Cambridge University Press*, 1986.

[23] K. Schittkowski. The nonlinear programming method of Wilson, Han, and Powell with an augmented Lagrangian type line search function. I. Convergence analysis. *Numer. Math.*, 38(1):83–114, 1981.

[24] K. Schittkowski. The nonlinear programming method of Wilson, Han, and Powell with an augmented Lagrangian type line search function. II. An efficient implementation with linear least squares subproblems. *Numer. Math.*, 38(1):115–127, 1981.

[25] M. Schramm, B. Stoevesandt, and J. Peinke. Lift Optimization of Airfoils using the Adjoint Approach. *EWEA 2015, Europe's Premier Wind Energy Event, 17 - 20 November 2015, Paris*, 2015.

[26] M. Schramm, B. Stoevesandt, and J. Peinke. Simulation and Optimization of an Airfoil with Leading Edge Slat. *Journal of Physics: Conference Series, Volume 753*, 2016.

[27] A. Shahrokhi and A. Jahangirian. The Effects of Shape Parameterization on the Effciency of Evolutionary Design Optimization for Viscous Transonic Airfoils. *Journal of Aerospace Science and Technology*, 2008.

[28] G. J. Stigler. The cost of Subsistence. *Journal of Farm Economics*, 27(2):303–314, 1945.

[29] K. Sydsaeter, P. Hammond, and A. Strom. *Mathematik für Wirtschaftswissenschaftler*. Pearson Verlag, 2016.

[30] Houshang Taghizadeh, Ardeshir Bazrkar, and Mohammad Abedzadeh. Optimization production planning using fuzzy goal programming techniques. *Modern Applied Science, Vol. 9*, 2015.

[31] G. van de Braak, M. J. Bünner, and K. Schittkowski. Optimal Design of Electronic Components by Mixed-Integer Nonlinear Programming. *Optimization and Engineering (2004) 5: 271*, 2004.

[32] P. Venktataraman. *Applied Optimization with Matlab Programming*. John Wiley and Sons, 2009.

[33] L. Vorspel, M. Schramm, B. Stoevesandt, L. Brunold, and M. Bünner. A benchmark study on the efficiency of unconstrained optimization algorithms in 2d-aerodynamic shape design. *Cogent Engineering, Vol. 4*, 2017.

[34] Blum W. Not eines handlungsreisenden. *Süddeutsche Zeitung vom 9.8.2008*, 2008.

[35] E. Walter. *Numerical Methods and Optimization*. Springer Verlag, 2014.

Index

© Springer Fachmedien Wiesbaden GmbH, ein Teil von Springer Nature 2019
M. Bünner, *Optimierung für Wirtschaftsingenieure*, Schriften zum
Wirtschaftsingenieurwesen, https://doi.org/10.1007/978-3-658-26610-3